本书由
国家自然科学基金项目“太行山低山丘陵区坡面水文过程对植被变化的响应研究”（41501025）、
河南省高校科技创新团队(18IRTSTHN009)“水文预报及水资源优化配置”、
河南省水环境模拟与治理重点实验室(2017016)项目联合资助。

干旱半干旱区典型流域地下水系统脆弱性研究

李庆云 著

·北京·

内 容 提 要

本书根据目前水资源系统脆弱性研究发展与需要，综合运用水文学及水资源、地理信息系统、MATLAB计算数学等相关专业知识，对我国干旱半干旱区典型流域地下水系统脆弱性进行了评价研究，为进一步加强西北水资源适应性管理提供一定借鉴意义。全书主要包括以下内容：绪论、石羊河流域概况、地下水系统分析、石羊河流域地下水系统脆弱性分析、石羊河流域地下水系统脆弱性评价指标体系、石羊河流域地下水系统脆弱性评价方法研究以及研究结论与展望等。

本书可供从事水文、水利工程管理等方面的工程技术人员及科研工作者参考，也可作为高等院校水利类师生学习和参考。

图书在版编目（CIP）数据

干旱半干旱区典型流域地下水系统脆弱性研究 / 李庆云著. -- 北京 : 中国水利水电出版社, 2018.10
ISBN 978-7-5170-7069-6

Ⅰ. ①干 Ⅱ. ①李 Ⅲ. ①干旱区－流域－地下水资源－水资源管理－研究－中国 Ⅳ. ①P641.8

中国版本图书馆CIP数据核字(2018)第241945号

书 名	**干旱半干旱区典型流域地下水系统脆弱性研究** GANHANBANGANHANQU DIANXING LIUYU DIXIASHUI XITONG CUIRUOXING YANJIU
作 者	李庆云 著
出版发行	中国水利水电出版社 （北京市海淀区玉渊潭南路1号D座 100038） 网址：www.waterpub.com.cn E-mail：sales@waterpub.com.cn 电话：(010) 68367658（营销中心）
经 售	北京科水图书销售中心（零售） 电话：(010) 88383994、63202643、68545874 全国各地新华书店和相关出版物销售网点
排 版	中国水利水电出版社微机排版中心
印 刷	北京虎彩文化传播有限公司
规 格	170mm×240mm 16开本 9.25印张 176千字
版 次	2018年10月第1版 2018年10月第1次印刷
印 数	001—800册
定 价	**39.00** 元

前　言

随着全球气候变化和社会经济的快速发展，生产、生活需水量和耗水量不断增加，许多国家与地区面临水资源短缺的问题，水资源系统的脆弱性也已成为世界水资源研究的热点问题之一。水资源作为我国干旱半干旱内陆河地区社会经济发展最主要的制约因素，其脆弱性研究属于区域可持续发展的研究范畴，直接关系到人们对于水资源的取用、防灾减灾、水资源规划以及区域可持续发展，甚至关系到人类的可持续生存。

水资源系统的脆弱性是表示一个地区相对于另一个地区是脆弱的，因而是一个相对值而不是绝对值，是结果而不是原因，它具有区域性、动态性、随机性、突变性的特点。随着地区下垫面条件的变化、社会经济条件、气候变化以及地区承载能力的变化，其在不同地区、不同时间表现出不同的特性。因此，探讨气候变化下水资源脆弱性评估方法，不仅可提前预防水资源对未来气候变化的不利响应，而且可为区域各项决策的制定和脆弱生态环境的整治提供科学依据。

石羊河流域地处我国西北干旱及半干旱内陆区，该区自然条件恶劣，水资源贫乏，生态环境脆弱，地下水资源的合理开发利用对该区域社会经济的发展和生态环境的保护具有极其重要的作用。然而，近几十年来绿洲农业发展对水资源的开发利用，加剧了外部环境对地下水系统的影响，使地下水系统的功能严重衰退，产生了一系列环境问题，严重影响着流域地下水资源的持续利用和生态环境安全。因此，研究该流域地下水系统的脆弱性机理、表现特征、评价指标体系和方法以及地下水系统脆弱性的空间变异性，对地下水资源的可持续利用和生态环境建设有着十分重要的理论意义和应用价值。

本书在对流域地下水系统的基本概念，地下水系统的结构、资源属性和环境属性分析的基础上，概化了石羊河流域地下水系统，分析了其系统的功能、环境、脆弱性内涵和表现特征，给出了地下水系统脆弱性的定义，即，流域地下水系统是一个开放性的自然-人工复合系统，地下水作为核心与人类活动、生态环境、地表水发生紧密联系，而人类活动、地表水和生态环境之间又相互联系，进而影响到地下水系统。由此出发，本书从自然因素、人为因素和生态环境因素三个层面揭示了地下水系统的脆弱性机理。分析表明，在不合理的水资源开发利用、工农业及生活废水排放等人类活动影响下，石羊河流域地下水系统和生态环境互相作用的循环关系在水量水质方面加剧了地下水系统功能的衰退。

基于上述脆弱性机理分析，结合地下水系统的功能特征，从地下水系统的输入、系统实体和输出的角度出发，综合选取降水量、地下水补给强度、地下水开发利用强度、导水系数、地下水位埋深、矿化度、硝酸盐和总硬度等因子作为流域地下水系统脆弱性评价指标体系。充分利用地理信息系统软件提取各类图像的有用属性信息，结合数据资料得到各评价因子分区图。

在地理信息系统软件 MapInfo 的平台上，本书根据地下水动态观测孔资料将流域分为 69 个评价分区，其中民勤盆地 35 个分区，武威盆地 34 个分区。并采用综合指数法对各评价分区的地下水脆弱性进行了评价，结果表明，对于民勤盆地而言，地下水脆弱性主要以Ⅱ级为主，占该分区面积达 80%；而武威盆地地下水脆弱性以Ⅲ级为主，占该分区面积约 60%。利用 MapInfo 的专题图绘制功能制作了石羊河流域地下水系统脆弱性等级图，并在此基础上利用 MapInfo 的查询统计功能对评价结果进行了统计分析，探讨了 GIS 在地下水系统脆弱性评价中的应用。

本书对比分析了灰色关联投影法和基于 MATLAB 的人工神经网络在研究区地下水脆弱性评价中的应用。基于灰色关联投影法的评价结果表明，石羊河流域 90%以上的区域，地下水系统为中等脆弱和严重脆弱。其中，民勤盆地地下水系统处于严重脆弱向极端脆弱过渡的阶段，武威盆地地下水系统处于中等脆弱向严重脆弱过渡的阶段。总体来说，石羊河流域平原区地下水脆弱性比较严重，武威盆地地下水脆弱性程度不如民勤盆地地下水严重。基于人工神经网络的评价结果表明，民勤盆地地下水有6个分区属于极端脆弱等级，29个分区属于严重脆弱等级，而武威盆地均属于严重脆弱等级。总体而言，这两种评价方法的评价结果基本保持一致。此外，本研究基于模糊数学方法，以石羊河流域内行政区为划分单元进行了各地区地下水脆弱性评价。分析表明，民勤县和古浪县地下水脆弱性等级为极端脆弱，凉州区为严重脆弱，金昌市为一般脆弱；评价结果与当地水资源实际情况相一致，说明该评价指标体系和评价方法具有一定的实践性和指导性。

本书通过对现有成果的总结，最后还对目前水资源脆弱性研究领域存在的不足进行了归纳，如脆弱性机理未能明确界定，评价指标体系缺乏动态地评估水资源脆弱性过去、现状和未来的方法等；在此基础上提出了未来发展方向，例如，从多尺度、多层次制定更具针对性且易于普及的水资源适应性对策，加强3S技术在水资源脆弱性评价中的应用，等等。

本书由华北水利水电大学李庆云负责撰写及统稿工作，华北水利水电大学水利学院孙艳伟对本书提出了诸多建设性的修改意见，在此深表感谢；感谢国家自然科学基金项目“太行山低山丘陵区坡面水文过程对植被变化的响应研究”（41501025）、河南省高校科技创新团队（18IRTSTHN009）“水文预报及水资源优化配置”、河南省水环境模拟与治理重点实验室（2017016）项目对本书研究及出版的资助。写作过程中作者参阅并引用了大量文献、专著等，并在书后列出了主要参考文献，在此对这些文献的作者们表示诚挚的感谢！如有不慎遗漏，恳请各位专家学者谅解。

限于本人水平有限，书中难免出现不妥之处，恳请读者予以批评指正。

作者 李庆云

2018年7月于郑州

目　录

第1章　绪　　论

1.1　研究背景及意义

水资源是人类生存发展不可或缺、不可替代的自然资源。近年来，随着水资源危机的加剧和世界范围内防灾、减灾工作的展开，水资源系统的脆弱性日益成为水文学和灾害学研究的热点。地下水脆弱性研究是合理开发与保护地下水资源的基础性研究工作，可以揭示不同区域地下水系统的脆弱程度，通过评价地下水潜在的易污染性，圈定脆弱的地下水范围，从而警示人们在开采利用地下水资源的同时，采取更有效的防治和保护措施。正是基于这种认识，国外水文地质学家在20世纪70年代就开始了地下水资源脆弱性研究，并取得了一批有价值的研究成果，随后许多国家和地区也开展了广泛深入的研究工作，如美国、苏联、德国、意大利等编制了不同区域/流域不同比例的地下水脆弱性评价图，对保护地下水资源起到了重要作用。

地下水是水资源的重要组成部分，随着工农业迅速发展，人口不断增加，不合理开发利用以及污染水环境的现象日益严重，使地下水受到不同程度的破坏，引起地下水位下降、水量减少、水质恶化等一系列问题。地下水一旦受到破坏，特别是水质恶化，其治理和恢复的难度和代价都是十分巨大的，甚至在一定时期内不可能完全恢复（杨晓婷等，2001），特别是在干旱半干旱地区，地下水污染加剧了水资源的紧缺状况，导致供需矛盾更加尖锐（王开录和王国文，2005）。国外对地下水脆弱性研究起步较早，开始于1968年，早期的研究主要从水文地质本身的内部要素来进行定义（于翠松和郝振纯，2007）。如Foster等（1987）认为地下水污染是由含水层本身的脆弱性与人类活动产生的污染负荷造成，在此基础上，他提出了“含水层脆弱性”这一术语；美国审计署应用“水文地质脆弱性”来表达含水层在自然条件下的易污染性，而用“总脆弱性”来表达含水层在人类活动影响下的易污染性（马芳冰等，2012）。目前国内对于脆弱性的研究主要集中在生态系统、灾害系统、地下水系统方面，而对于水资源系统的研究还较少。此外，由于不合理的人类活动影响，洪水、干旱所造成的经济损失日益加大，这些都对水资源的取用、防灾减灾等提出了新挑战。在这种背景下开展地表水及地下水系统脆弱性的研究显得尤为重要。

我国西北内陆干旱半干旱区，主要包括甘肃河西走廊、新疆准噶尔与塔里木及青海柴达木等内陆盆地，均为极端干旱气候条件下所形成的典型戈壁沙漠地区。该区土地资源丰富，降水量少，气候干燥，水资源贫乏，生态环境脆弱，地下水资源的合理开发利用对社会经济发展和生态环境保护具有极其重要的作用。然而，由于该区域特殊的自然地理条件及不合理的水土资源开发利用活动，使流域地下水循环条件发生了巨大变化，并引发了一系列与地下水有关的生态环境问题。因此，研究内陆干旱半干旱区地下水系统的脆弱性就显得格外重要。目前，国内所进行的地下水脆弱性研究大多关注湿润或半湿润地区，且主要从地下水水质的角度出发研究地下水潜在的易污染性，而针对西北内陆地区的相关研究还不多。干旱半干旱地区地下水的形成条件和结构功能完全不同于湿润地区，因此地下水系统脆弱性不仅表现在污染方面，而且表现在资源的枯竭与生态环境恶化方面。另外，相对于我国湿润或半湿润地区，对西北干旱半干旱地区而言，以水资源开发为中心的人类经济-工程活动所导致的水资源重新分配过程显得更为显著，不仅使河流水系的水质水量时空分布产生改变，而且强烈干扰与之有密切水力联系的地下含水层（马金珠和高前兆，2003）。因此，分析干旱半干旱内陆地区地下水的脆弱性成因、评价指标体系及评价方法，对地下水资源的可持续利用和生态环境建设有着重要的理论意义和应用价值。

石羊河流域属于典型的内陆干旱半干旱区，位于甘肃省河西走廊东部，祁连山北麓，是我国西北内陆河流域灌溉农业发展最早、水资源开发利用程度最高、水资源供需矛盾最突出、生态环境问题最严重、水资源对经济社会发展制约性最强的地区（康绍忠等，2005）。流域深居大陆腹地，属大陆性温带干旱气候，气候十分干燥、降水少、蒸发强烈，这种特点决定了石羊河流域地下水接受降水入渗补给少，天然补给缺乏。除气候因素外，流域特殊的自然地理和水文地质条件决定了地表水与地下水在各带相互重复转化，形成一个不可分割的统一体，在这种水资源分布特点与干旱气候条件的制约下，流域生态环境体系具有干湿交替带、农牧交错带、森林边缘带以及沙漠边缘带等多种宏观意义上的生态脆弱带。生态体系的极度脆弱性使其对水土资源开发反映极为强烈，中游地区人类活动对水循环的影响会迅速传递到下游的生态环境（陈绍军等，2005）。近几十年来，绿洲农业发展对水资源的开发利用，加强了人为因素对水资源转化过程的干预，形成了明显的自然-人工复合水资源转化模式，从而使地表水与地下水之间的转化关系更加频繁和复杂（魏晓妹等，2005），加剧了外部环境对地下水系统的影响，使地下水系统的功能严重衰退，产生了地下水位大幅度下降、植被退化、土地沙化及土壤盐渍化问题，严重影响着流域地下水资源的持续利用和生态环境安全。

本书通过对在内陆干旱半干旱区具有典型代表性的石羊河流域地下水脆弱性进行研究，旨在探讨我国西北内陆地区地下水系统的脆弱性机理、表现特征以及评价指标体系，以及地下水系统脆弱性的空间变异特性，从而为该区域地下水资源的可持续利用和生态环境保护提供一定依据。

1.2 水资源系统的脆弱性

1.2.1 水资源脆弱性的内涵

目前，脆弱性的研究领域主要涉及生态学、灾害学和环境学，学术界对脆弱性的定义还不尽统一，因此对水资源系统脆弱性的理解也不尽相同。国内外学者普遍认可的水资源系统脆弱性是指在气候变化、人类活动等外在作用下，水资源系统结构、水资源数量和质量发生退化，引发水资源供需失衡、洪旱灾害等水安全问题增加的程度，反映了水资源系统提供社会经济与生态服务功能的稳定程度（唐国平等，2000；马静，2012）。也有学者认为水资源是影响可持续发展最主要的环境因素，它的脆弱性是指水资源系统易于遭受人类活动、自然灾害威胁和损失的性质和状态，受损后难于恢复到原来状态和功能的性质（刘绿柳，2002），主要体现在地表水、地下水资源数量、质量，水资源循环更新速率和水资源承载能力等（李凤霞和郭建平，2006）。

国外对水资源系统脆弱性的研究主要侧重于地下水资源的脆弱性方面，法国学者 Albinet 和 Margat（1970）首次提出了地下水资源脆弱性的概念，随后众多学者及研究机构都对地下水水资源脆弱性概念与评价方法进行了深入研究，如 1985 年美国环保局（USEPA）提出了 DRASTIC 方法的评价因子体系（张昕等，2010），1999 年 Doerfliger 等采用 EPIK 法和 GIS 技术对岩溶地区水资源脆弱性进行了评价。20 世纪 90 年代以后，水资源脆弱性的研究对象开始扩展到地表水资源和流域水资源系统。其中比较有代表性的研究主要有：Brouwer 和 Falkenmark（1989）根据区域水资源供需平衡情况，设置了阈值并分析了水资源的脆弱程度；Mirauda 和 Ostoich（2011）运用完整性模型决策支持系统来评估地表水资源脆弱性。

我国对该领域研究起步较晚，始于 20 世纪 90 年代中期，并且主要集中于地下水资源的固有脆弱性（姚文峰，2007），针对地表水脆弱性的研究更少。例如，刘淑芳等（1996）对河北平原地下水污染性能进行了研究，主要涉及了地下水本质脆弱性评价，郑西来等（1997）研究了西安市潜水的脆弱性，考虑了污染源特征，初步进行了地下水特殊脆弱性的评价。21 世纪之后，随着研究范围和认识程度的逐步扩展，逐渐出现了一些地表水资源及区域水资源系统脆弱性方面的研究，出现了一大批有价值的研究成果。如唐国平等（2000），杨艳舞等（2002）给出了宏观水资源脆弱性的概念；Liu（2003）分析了我国西北地区水资源的脆弱性，对气候变化和人类活动相互作用下对水资源适应性管理带来的有利和不利影响进行了归结；陈康宁等（2008）根据资料获取的难易程度以及指标的科学性、可比性、全面性和动态性等原则，构建了区域水资源系统脆弱性评价指标体系，并对河北省水资源系统的脆弱性进行了评价，结果表明，在实施南水北调工程、强化本地节水措施力度和努力保证生态环境用水的条件下，2000—2030年河北省水资源系统的脆弱性程度将逐步改善。

随着近些年来气候变化对全球及区域水文水资源的影响成为热点研究问题，变化环境下的水资源脆弱性研究也成为诸多学者的关注焦点。Vorosmarty等（2000）使用水资源压力指数评价了1985—2025年全球范围内受气候变化和人口增长驱动的水资源脆弱性；Farley等（2011）耦合自然-社会系统，探讨了气候变化对美国俄勒冈山脉地区水资源脆弱性的影响；Zhou等（2010）等从IPCC提出的脆弱性概念出发，探讨了中国城市在气候变化下面临的水资源脆弱性。气候变化下的水资源脆弱性问题在我国各大流域中均比较突出，其中，海河流域多年平均水资源总量419亿m^3，仅占全国的1.5%，人均水资源占有量约$350m^3$，不足全国的1/6，为世界平均水平的1/24，远低于国际公认的人均$1000m^3$的水资源紧缺标准，耕地亩均水资源量$258m^3$，仅为全国的1/8。海河流域以仅占全国1.5%的有限水资源，却承担着11%的耕地面积和10%的人口以及京、津等十几座城市的供水任务（任宪韶，1999），因此，海河流域水资源是处于供需严重失衡状态的。不少学者针对这些实际问题，进行了该区域水资源脆弱性分析及评价。例如，吕彩霞等（2012）从自然因素（主要包括降雨量、干旱指数、年降雨极值比、调出入境水量等）、人为因素（主要包括经济增长速度、万元产值COD排放量、人均生活COD排放量、城市污水处理率等）、综合因素（主要指水资源开发利用程度、用水定额等）等三方面给出13个指标，利用层次分析法确定各指标的权重，综合进行区域水资源脆弱性评价；并以海河流域为例开展了实例研究，表明海河流域现状的水资源脆弱度为59.7，属于中度脆弱区；在未来气候变化条件下，经过人工水资源调控措施，海河流域2020年、2030年水资源脆弱度分别为58.64、58.63，表明水资源调控措施将会改善海河流域水资源条件。匡洋等（2012）总结了国内外水资源脆弱性研究进展及水资源脆弱性评价的内容，包括指标体系的构建、权重系数的确定以及综合评价方法的选取，将其分为自然脆弱性、人为脆弱性、承载脆弱性三大类；并采用主成分分析法，构建了海河流域水资源脆弱性的评价指标体系，分别为年降水量（X1）、农业用水比例（X2）、水资源总量（X3）、生活用水比例（X4）、地下水占用水量比例（X5）、水资源开发利用率（X6）、人口密度（X7）、人均国内生产总值（X8）、第三产业产值比重（X9），认为寻找适宜的对策以降低该区域水资源的脆弱性，是未来研究的意义所在。

此外，夏军等（2015）提出了变化环境下新的内涵的水资源脆弱性与适应性管理的新概念与定义，即，水资源脆弱性与适应性管理是指变化环境下（气候变化和人类活动影响），对水资源造成的不利影响而采取一种“监测—评估—调控—决策”不断循环更新的水资源动态管理与应对措施，目的在于提出应对气候变化影响的水资源动态调控措施和管理对策，实现社会经济可持续发展与水资源可持续利用。该研究还建立了耦合环境变化对水资源影响的暴露度、水旱灾害、敏感性和抗压性的水资源脆弱性评价模型，对海河流域水资源脆弱性现状和未来气候变化影响最不利情景下的海河流域水资源脆弱性进行了定量分析研究。结果表明，整个海河流域有67%区域处于极端脆弱性状态，在未来气候变化影响的最不利情景下，整个海河流域呈现极端脆弱的状态，对未来最不利情景下海河流域水资源脆弱性的适应性调控设置了用水总量调控、用水效率调控、水功能区达标调控、生态需水调控和综合调控5个不同方案，对于探索气候变化背景下如何提高我国水资源利用效率、降低水资源脆弱性等方面具有重要指导意义。也有学者（郭跃东等，2004；严明疆等，2006；邹君等，2007）具体就地表水资源、地下水资源和湿地水资源脆弱性进行研究，并提出相应的概念、内涵（表1.1）。

表1.1　不同研究对象水资源脆弱性概念及内涵（陈攀等，2011）

研究对象	概　念	内　涵
地表水资源系统	特定地域天然或人为的地表水资源系统在服务于生态经济系统的生产、活动、生态功能过程中，或者在抵御污染、自然灾害等不良后果出现过程中所表现出来的适用性或敏感性	地表水资源脆弱性将服务于生态经济系统的功能作为主要的外部驱动条件；是系统自身的客观属性；具有动态性和区域性；包括水质脆弱性和水量脆弱性两个方面；可分解为3部分：自然脆弱性、人为脆弱性、承载脆弱性
地下水资源系统	地下水在循环过程中，受社会、经济发展和环境变化影响，地下水资源易于遭受人类活动、自然灾害威胁和损失的性质和状态，受损后难以恢复到原来状态和功能的性质	地下水资源脆弱性影响因素主要分为三大类：地下水系统内部结构条件、外部自然因素和社会因素。此外，应考虑地下水资源脆弱性的时间效应
湿地水资源系统	湿地水系统不能维系湿地生态系统正常结构和功能的程度和可能性。正常结构包括湿地生物群落层次结构和物质能量传递结构；正常功能主要包括防洪蓄水、调节气候、净化水质及生态保护等	湿地水系统脆弱性实质是以满足湿地存在和演化基本特征为底线的生态价值脆弱性；以湿地水系统能否维持正常的湿地生态系统结构、功能及演化趋势为判断和表征

综上可以看出，国内外学者对水资源脆弱性的理解与认识在不断提升，已有部分研究针对地表水资源及湿地水资源等方面，同时逐渐修正了原来仅仅利用相关指标的叠加来进行脆弱性评价的现象。

1.2.2 水资源脆弱性评估方法

要评价水资源的脆弱性首先要确定水资源脆弱性的指标体系，即寻求能充分反映问题且能够定量表达我们对水资源脆弱性认识的特征指标。根据区域水资源特点，需要考虑到下垫面条件的差异和人类活动影响的不同、社会经济发展的不平衡、水资源开发利用程度的差异等，建立水资源系统脆弱性的指标评价体系。建立指标体系应遵循以下原则。

(1) 人为可调控，可操作性强原则。尽量选取易量化指标，容易解释和表达，容易取得数据，并具有可比性。但如遇到对水环境脆弱性有较好表征作用而数据缺失的指标，可先列入评价指标体系，待监测技术和研究比较完善的时候再进行补充（李玉芳等，2014）。脆弱性评价是对某一地区、某一阶段的恢复力状态进行分析评判，这种态势分析需要有一定参照系，评判标准的选择必须考虑不同评价区域和等级的比较关系。因此，所选指标应尽可能采用标准的名称、计算方法，做到与其他地区指标的可比性，定性指标与定量指标相结合，同时，确保评价方法在数据充足或缺乏的情况下都能使用。

(2) 评价指标的稳定性和独立性原则。脆弱性强调自然、社会、经济、生态与环境协调发展，正确的选择是把近期与长远发展结合起来，以提高恢复力，降低脆弱性为目标，在变化环境下实现区域水资源系统脆弱性的降低。度量指标往往存在信息上的重叠和关联，所以要尽量选择那些具有相对独立性的指标，在同一层次的各项指标必须不存在任何包含与被包含的关系，相互不重叠（冯少辉等，2010）。

(3) 全面性与主导性原则。水资源系统脆弱性指标体系既要全面反映水资源、生态、环境和社会经济综合发展指标，同时又要选择具有代表性、能反映本质特征的主导指标，用以反映水资源脆弱性最主要的特点，以避免指标繁多而重点不突出的问题。指标体系应能够比较客观、真实地度量水资源系统恢复力的现状、未来状况等。另外，可以根据水资源系统脆弱性概念模型，将水资源系统特点分解为若干个小系统，以体现这种复杂系统的层次性。

目前，水资源脆弱性评价主要有两类方法。一类是相对简单易操作的定性评价，其评价过程为系统地分析影响水资源系统的诸多因素，确定其脆弱性的主要影响因素，最后提出降低其脆弱性的对策，这类方法被国内外大量学者广泛应用（朱怡娟，2015），如黄友波等（2004）、Kelkar 等（2008）、陈崇德和李云峰（2009）。邓慧平和赵明华（2001）根据已有供水、需水规划资料，分析了气候波动对莱州湾地区水资源脆弱性的影响，认为从区外调水是应对未来气候变化和缓解水资源短缺的途径之一；吴青和周艳丽（2002）分析了黄河源区水资源脆弱性原因，确定影响其脆弱的关键因素包括气候因素及降雨时空分布不均匀，草地沙化与土地沙漠化等，并提出了保护水资源及生态的对策。另一类是定量评价，也是目前运用最广泛的方法，具体又可划分为指标法和函数法。指标法需要建立指标体系，确定指标权重，最后采用多指标加权进行综合评价，如刘绿柳（2002）、Sullivan（2010）等均运用了指标法进行水资源脆弱性研究；不同学者构建的评估体系框架有所不同，史正涛等（2013）将水资源脆弱性划分为本质脆弱性和特殊脆弱性，并从这两方面分别来构建指标体系；董四方等（2010）、周念清等（2013）采用压力驱动模型 DPSIR（driving forces - pressure - state - impact - response）由驱动力指标、压力指标、状态指标、影响指标和响应指标等 5 部分指标体系进行水资源脆弱性评价；此外还有研究者在指标法的基础上引入层次分析法（崔循臻和贾生海，2013）、分形理论（陈康宁等，2008）、BP 神经网络技术（崔东文，2013）等方法，使得指标法的应用日趋多元化。

一些学者在充分理解水资源脆弱性的概念和内涵的基础上，从水资源脆弱性系统中各个因素的相互作用关系入手，构建数学方程，并通过不同变量将这些数学方程耦合成水资源脆弱性量化模型，运用函数法定量评价水资源脆弱性（唐国平等，2000；Perveen 和 James，2011；夏军等，2012）。比如，夏军等（2012）指出水资源脆弱性是水资源相对气候变化等影响因子的敏感性与抗压力性（适应性）的函数，并运用该模型探讨了海河流域现状和未来情境下水资源的脆弱性情况。指标法和函数法各有优缺点，指标法中考虑的因素全面，评价指标体系的构建灵活，但指标间的作用机制不明晰、缺乏系统性、不同地区的评价结果难以比较。函数法的物理机制明晰、系统性强、适用范围较广、易于在地区间进行比较，但对数学水平的要求较高，并且很难涵盖所有的影响因素。从已有的研究成果来看，指标法是目前最常用的定量评价方法。

近年来，作为一种能采集、检索、运算和显示输出从自然界和人类社会获取的各种数据及信息的强有力工具地理信息系统（GIS）对于水资源脆弱性评价研究起到相当大的推动作用；其次，为了研究区域水资源脆弱性的空间分布，还可以将遥感技术 RS 与 GIS 相结合，引入到水资源脆弱性评价模型中。具体而言，有两种方法：一是利用 RS/GIS 手段将水资源脆弱性评价因子数字化成图，逐因子逐像元进行脆弱性评价，再将单因子评价结果复合，得到区域水资源脆弱性的综合评价结果；二是先将各评价因子数字化图像复合，再对所得图像进行分类，并分区赋值得到最终评价结果（刘硕和冯美丽，2012）。基于 GIS 与 RS 的新技术新方法已被用于水资源脆弱性评价的各项研究（邹君和杨琴，2015），刘海娇等（2012）采用GIS空间分析技术进行评价区域划分，建立黄河三角洲评价体系，并采用模糊评价方法识别该区域水资源脆弱性程度；邹君等（2014）以衡阳盆地为研究对象，构建了由坡度指数、植被覆盖指数、少雨期干旱指数等8个指标组成的基于GIS/RS方法的水资源脆弱性评价指标体系，认为相对于传统评价方法，GIS方法的评价结果更为细致准确。通过遥感手段获取所需数据，采用地理信息系统空间建模和空间分析方法，构建水资源系统脆弱性动态演变特征，将会在未来得到越来越广泛的应用。

1.2.3 降低水资源脆弱性的适应性对策

进行水资源脆弱性研究的目的是通过评价某地区水资源脆弱性状况，找到影响该地区脆弱性的主要因素，进而提出适宜的对策以降低水资源的脆弱性，这也是研究水资源脆弱性的意义所在。水资源脆弱性受制于其自然环境和外在影响因子，同时又具有地域特点，因此要做到区域水资源可持续利用，降低其脆弱性，要遵循协调原则、效率原则、公平原则和市场机制原则。雒新萍等（2013）以我国东部八大流域为例，对2000年水资源状况和未来气候变化情景下的水资源脆弱性进行了评价，并提出了相应适应性对策应对气候变化对流域水资源的不利影响。主要包括：①严格实行水资源总量控制，其一要因地制宜地开发多种新水源，通过增加可供水量来解决缺水问题；其二要通过调整产业结构，合理配置水资源，使水资源在上下游间、城乡间和不同产业间公平分配。②进行用水效率控制，工业方面通过引入节水工艺技术来提高工业用水利用效率，完善中水利用环节，实现污水资源化；农业方面应大力发展设施农业，推广先进的节水技术，重点是减少无效蒸发。③加强水功能区限制纳污管理，严格控制入河湖排污总量；通过开展水功能区纳污能力模型研究，分析水量、水质和排污量的关系，从而提出限制排污总量的标准；同时，加强和完善水功能区监督管理责任制度，共同促进并严格执行水功能区限制纳污红线管理。这些适应性措施对缓解未来气候变化对水资源的不利影响具有重要的指导作用。

有研究针对黑河流域的水资源脆弱性及目前存在的生态环境问题，结合西部大开发的有利形势，提出了可行措施，主要包括：①建立流域性水资源统一管理机构，把空中水、地表水、地下水和污水，河流的上中下游、左右两岸统一管理，打破水-经济-生态的恶性循环机制；②认识流域水循环特点，因地制宜合理利用水资源，例如，对于山区径流形成区，首先是保护其植被，其次退耕还林，恢复退化与被破坏的植被，以充分发挥“绿色水库”的涵养与调蓄功能；③加大草原建设及退牧还草力度，针对下游地区的生态恶化现实，必须加紧实施流域天然林保护，退耕还林还草，防风治沙，自然保护区建设和草场建设；④建立以节水、节地为中心的资源节约型农业生产体系，可以采用的节水技术包括节水灌溉技术（滴灌、喷灌、微灌等技术）、旱地节水技术（覆盖技术、保水剂、以肥调水等）（黄友波等，2004）。

丹江口水源区作为南水北调中线工程的调水来源区域，其水资源量和可调水量历来受到众多研究者的关注。有学者采用相关评价指标与函数评价方法，对该区域水资源的脆弱性进行了评价，结果表明，其脆弱性整体上程度低、抗压性强，南水北调中线工程前期调水会在不同程度上增加各区域的水资源脆弱性，但并不改变整个水源区的脆弱性等级。根据评价结果，相应提出了以下适应性对策：对水资源开发利用实施总量控制，严格控制区域用水总量，实行水资源有偿利用和取水许可，强化区域内水资源统一配置和调度；提高水资源利用效率，开发利用再生水资源，在增加城市供水的同时减少排污，建设节水型社会并治理水污染；积极开发新水源，建设小水库、塘坝等雨水利用工程，提高农业用水保证率（唐剑锋等，2014）。

还有研究根据目前研究中较少涉及多尺度水资源脆弱性评价的现状，使用地表水资源开发利用率、人均用水量、百万方水承载人口数这3个与空间尺度无关的变量，构造针对水资源供需矛盾的水资源脆弱性评价函数，以山西省、陕西省为研究区，在省级行政区和地级行政区两个尺度上进行了水资源脆弱性评价研究，认为省级行政区尺度有助于把握区域总体水资源脆弱性特征，地级行政区尺度的空间分异比省级行政区明显。在此基础上，提出了一些适应性对策：第一，对水资源开发利用实施总量控制，严格控制区域用水总量，强化区域内水资源统一配置和调度；在研究区内半湿润半干旱缺水地区，应逐渐控制对地表水的过度开发和地下水超采，逐步恢复河道生态功能和正常的地下水位。第二，开发新水源，推进雨洪利用工程建设，在农业上建设小水库、塘坝等雨水利用工程，提高农业用水保证率；在城市中建设雨水利用工程，提高城市防洪能力，同时解决绿化、河道补水等的水源问题。第三，控制入河湖排污总量，治理水污染，加强水功能区管理，严格控制工业、生活污染源，加强主要污染物减排工作，提高城市污水处理率，治理农业面源污染，减少入河湖的污染物总量（夏军等，2012）。

目前的水资源脆弱性研究都具有明显的区域特征，缺少对一些共性问题的研究，使得研究结果缺乏可比性和广泛的使用价值，因此，未来还有大量的工作有待进一步加强。水资源的脆弱性与水资源短缺、水环境恶化、水土流失加剧等问题交织在一起，增大了水问题的复杂性与解决的艰巨性，对加强水资源脆弱性的应急管理、风险管理提出了新的挑战。当前应该对以下课题加强研究以应对水资源脆弱性适应管理（陈崇德和李云峰，2009）：①进一步明确水资源脆弱性的概念和研究范围，包括评价指标体系的选择、研究方法的选择等；

②指标体系有待进一步完善；③提高脆弱性图表的统一性、可比性和实用性；④新技术在水资源脆弱性研究的应用。

同时，要加强水资源的流域管理，流域管理不是管理河流系统本身，而是管理与规范人类在流域自然体系里的活动，具体工作一是明晰水权，建立以水权、水市场理论为基础的水资源管理体系，建设基础设施、做好防汛抗旱、防治污染、配置水量、处理纠纷等；二是流域内与水相互作用的因素也应纳入流域管理的范围，如水、土地和环境之间，水、河道、堤防之间，水的兴利、除害与保护之间的关系等；三是加强滞蓄洪区的建设、管理，做好水土保持、侵蚀控制，污染防治，湿地保护，水生动、植物的生存环境保护，工农业生产的排水系统和旅游、生态环境用水等综合方面的管理等。此外，还要加强宣传教育，强化市场经济手段，提高决策者、管理人员和当地广大公众对保护水资源，节约用水重要意义的认识，保护生态系统，防治环境污染和合理开发各种资源，坚持开发、保护和更新并重的原则，有效保护动植物资源以至整个生态系统。另外应在调查研究的基础上，确定合理水价，发挥水价的经济杠杆作用，提高水资源的利用率，最终降低水资源的脆弱现状并逐渐恢复其原有生态景观。

1.3 地下水脆弱性及其评价

1.3.1 地下水脆弱性概念发展

“地下水脆弱性”一词的英文是 groundwater vulnerability，也有用 groundwater contamination potential 或 sensitivity of groundwater to contamination。这一术语由 Albinet 和 Margat（1970）首次提出“含水层脆弱性（aquifer vulnerability)”，并将其定义为在自然条件下，污染源从地表扩散、渗透到地下水的可能性。此后，各国的水文地质学家们都相继对地下水脆弱性概念的内涵和外延进行了探讨，并从不同角度给出了不同的结论。其概念的发展从考虑因素上可以划分为三个阶段。

第一阶段为 1968 年首次提出含水层脆弱性这一术语至 1983 年。这一时期对地下水脆弱性的定义主要从地质、水文地质角度出发，如地下水埋深、地下水平均流速、导水系数、表层沉积物的渗透性等（孙才志和潘俊，1999），因此，地下水脆弱性反映天然环境对地下水污染保护程度的差异（温小虎，2007）。Olmer 和 Rezac（1974）认为地下水脆弱性是指地下水可能遭受危害的程度，这种危害程度由自然条件决定而与现有污染源无关（严明疆，2006）。

第二阶段为过渡阶段，这一阶段比较短。该阶段虽然考虑了自然与人类活动两方面的因素，但仍然偏重于自然条件，如 Vrana 这样定义地下水脆弱性：地下水脆弱性是影响污染物进入含水层的地表与地下条件的复杂性（孙才志和林山杉，2000）。在 1987 年召开的“土壤与地下水脆弱性”国际会议上，与会专家结合影响地下水脆弱性自然和社会因素，对地下水脆弱性有了新的认识，对它的定义方式有了新的突破。此后，随着科技发展和认识水平的提高，地下水脆弱性的概念也由简单到复杂、由单纯考虑内因到综合考虑内外因，除了考虑水文地质本身内部要素的同时，也考虑到了人类活动和污染源类型等外部因素对地下水脆弱性的影响。例如，Bachmat 和 Collin（王勇，2006）考虑了人类活动影响，将地下水脆弱性定义为：它是地下水质量对人类活动的敏感性，这些活动主要是指对目前或将来水源地使用功能有害的活动。

第三阶段为主要从人类活动影响来定义地下水脆弱性。美国统计局于 1991 年应用“水文地质脆弱性”一词来表达含水层在自然条件下的易污染性，而用“总脆弱性”来表达含水层在人类活动影响下的易污染性。美国环保署（USEPA，1993）提出，“脆弱性”也称“敏感性”，是一个相对的、不能在野外直接测量的、无量纲的参数，是针对某个具体的场地或某个地区而言的，是污染物从地表迁移到含水层的难易程度；将其定义为含水层对土地利用和污染载荷的敏感性，并把脆弱性分为两类：本质（固有、天然或内在）脆弱性（即不考虑人类活动和污染源影响而只考虑水文地质内部的脆弱性）和特殊（综合或具体）脆弱（即地下水对某一特定污染源或人类活动的脆弱性）。Tesoriero 和 Voss（1997），认为含水层脆弱性是污染物从地表到达含水层的可能性，地下水脆弱性是某一给定土地利用状况下污染物到达含水层的趋向性。Hrkal（1994）认为地下水脆弱性是地下水抵御人为污染的能力，即“防污性能”（defense capacity to contamination）（郭永海等，1996）。Doerfliger 等（1999）认为脆弱性是含水层上覆的土壤和包气带的自然属性，与地下水的危险性有区别，危险性取决于含水层的天然脆弱性和人类活动产生的污染负荷。此外，还有认为地下水脆弱性表现为在时间和空间上，由于自然和人为因素对地下水系统本身形态和特征的影响，地下水系统对该影响所表现的处理能力（林山杉，1997）。

该发展阶段的一个重要事件是美国国家科学研究委员会（1993）给予地下水脆弱性如下定义：它是污染物由地表到达地下水系统某一特定位置的倾向性和可能性，即“污染潜能”（contamination potential），并将地下水的脆弱性分为固有脆弱性（intrinsic vulnerability）和特殊脆弱性（specific vulnerability）。其中，由水文地质内部因素（如土壤、包气带、含水层、气候和地形等）所导致的脆弱性称为固有脆弱性，地下水对某一特定污染源、或污染群体、或人类活动所导致的脆弱性称为特殊脆弱性。目前这种脆弱性分类及其相应的评价方法在国内外均有广泛的应用。1994年国际水文地质协会（IAH）对地下水脆弱性的定义是：地下水脆弱性是地下水系统的固有属性，该属性依赖于地下水系统对人类或自然冲击的敏感性（Gogu 和 Dassargues，2000）。

我国20世纪80年代初就开始引入了有关地下水脆弱性的概念，当时用“含水层防污（护）性”代替地下水脆弱性（林山杉等，2000）。到目前，有关地下水脆弱性的概念多数仍直接引用外文资料，只是在叫法上不同而已。如“脆弱性”“敏感性”“防污性”“易污染性”“污染潜在性”，等。地下水脆弱性是地下水系统对自然条件变化或人类活动影响遭受破坏带来一系列问题的敏感程度，付素蓉等（2000）则认为地下水脆弱性是地下水对有碍于其使用价值的人为活动的敏感性；马金珠等（2003）在研究塔里木南缘地下水脆弱性评价的基础上，认为干旱区地下水脆弱性是地下水系统本身固有的不稳定属性，是系统结构、功能状态在人类活动干扰及气候变化等自然因素作用下具有的敏感性、易变性和弹性的综合反应。

综上所述，尽管目前国内外都倾向于美国国家科学研究委员会关于将地下水脆弱性分为固有脆弱性和特殊脆弱性两类的主张，但是一个能被普遍认可并接受的地下水脆弱性概念尚未形成。20世纪80年代中期以前，对地下水脆弱性的定义主要是从含水层的地质、水文地质特性等内部因素角度考虑，把地下水的脆弱性理解为含水层的一种内在的自然属性，也就是把地下水脆弱性单纯地理解为固有脆弱性。而80年代末以后，对地下水脆弱性的定义有所突破，除考虑地下水系统内部因素外，还考虑了土地利用和污染源等外部因素对脆弱性的影响。近几年来，也有一些学者认为地下水的水量以及由地下水产生的生态环境问题亦应纳入地下水脆弱性的范畴。比较典型的是姜桂华（2002）认为地下水的脆弱性应包括水质和水量，在水质上表现为地下水污染问题，在水量上表现为水量变化引起的一系列水环境负效应问题（雷静，2002）。随着国内外对地下水脆弱性研究的不断深入，这一概念将不断得到丰富、完善和发展。

1.3.2 地下水脆弱性评价

1.3.2.1 影响因素与评价因子体系

影响地下水脆弱性的因素很多，不同的地下水脆弱性的定义，其相应的影响因素和评价因子体系也各不相同。按照美国国家科学研究委员会将地下水脆弱性分为固有脆弱性和特殊脆弱性分类的原则，也将地下水脆弱性影响因素分为固有脆弱性影响因素和特殊脆弱性影响因素。其中固有脆弱性影响因素质主要是指自然因素，如土壤特性、包气带的厚度、岩性以及含水层本身的特征等；而特殊脆弱性影响因素主要指人为因素，即可能引起地下水环境污染的各种行为因子。表1.2列出了影响地下水脆弱性评价的主、次要因素和各因素考虑的主、次要参数。

表 1.2　　地下水脆弱性评价影响因素

参数	固有脆弱性影响因素							特殊脆弱性影响因素
	主要因素				次要因素			
	土壤	包气带	含水层	气候	地形	下伏底层	与地表水联系	
主要参数	成分、结构、厚度、含水量、渗透性等	厚度、岩性、垂渗透系数等	渗透系数、补给强度、开采量（强度）等	年降水量、净补给量	地面坡地变化	透水性、补给/排泄潜力	入/出河流、岸边补给潜力	土地利用状况、污染物排放方式强度等
次要参数	阳离子交换容量、硫酸盐含量、体积密度、容水量等	风化程度、透水性	容水量、不透水性等	蒸发蒸腾、空气湿度	植被覆盖程度			污染物在含水层滞留时间及运移性质

1.3.2.2　评价方法

目前国内外已有的地下水脆弱性评价方法概括起来主要有迭置指数法（overlay and index methods）、过程模拟法（methods employing process - based simulation models）、统计方法（statistical methods）和模糊数学方法（fuzzy mathematic methods）等。这几种方法在应用上各有侧重范围，互有优缺点，详见表 1.3。

表 1.3　　地下水脆弱性评价方法应用侧重点表

方法	迭置指数法	过程数学模拟法	统计方法	模糊数学方法
在应用上的侧重点	固有和特殊脆弱性	特殊脆弱性	特殊脆弱性	固有脆弱性
	浅层地下水	土壤、包气带	潜水	潜水
	小比例尺（大范围）	大比例尺（小范围）	小比例尺（大范围）	小比例尺（大范围）
	定性，半定量或定量	定量	定量	定量

（1）迭置指数方法。

迭置指数法是通过对选取的评价参数的分指数进行迭加形成一个反映脆弱程度的综合指数，再由综合指数进行评价。它又分为水文地质背景参数法（hydrogeologic complex and setting methods，HCS）和参数系统法（parametric system methods，PCM）。前者是通过一个与研究区有类似条件的已知脆弱性标准的地区来比较确定研究区的脆弱性。这种方法需要建立多组地下水脆弱性标准模式，且多为定性或半定量性评价，一般适用于地质、水文地质条件比较复杂的大区域。后者是将选择的评价参数建立一个参数系统，每个参数均有一定的取值范围，这个范围又可分成几个区间，每一区间给出相应的评分值或脆弱度（即参数等级评分标准），把各参数的实际资料与此标准进行比较评分，最后根据参数所得到的评分值或相对脆弱度迭加即得到综合指数或脆弱度。

参数系统法的引进与运用，是地下水脆弱性评价的一个发展与飞跃，目前国内外地下水脆弱性评价多以该种方法为主，主要有DRASTIC、SINTACS、GOD、EPIK、SEEPAGE等方法（吴登定等，2005），这类方法的主要特征就是定义众多的因子，并进行分级评分赋值，来区分地下水脆弱性的高、中、低，通常也称为主观分级评价法。其中最流行的是DRASTIC评价方法（Aller等，1985；肖丽英和李霞，2007；肖兴平等，2012），是基于宏观尺度大范围区域的地下水脆弱性评价的经验模型，以所选的7个评价指标命名而得，分别为：地下水埋深（depth to water）、净补给量（net recharge）、含水层介质（aquifer media）、土壤介质（soil media）、地形坡度（topography）、包气带影响（impact of the vadose zone）、水力传导系数（hydraulic conductivity of the aquifer）。DRASTIC评价标准将以上每个参数分成几个区间，每个区间都赋以一个分值，而每个参数则赋予一个权值，该权值反映了参数与地下水脆弱性之间的关系，主要用于评价地下水的固有脆弱性（Lasserre等，1999）。

（2）过程模拟法。

过程数学模拟法是在水分和污染质运移模型基础上，使用确定性的物理化学方程来模拟污染质的运移转化过程，将各评价因子定量化后放在同一个数学模型中求解，最终得到一个可评价脆弱性的综合指数。该方法的最大优点是可以描述影响地下水脆弱性的物理、化学和生物过程，并可以估计污染物的时空分布情况。尽管描述污染物运移的二维、三维等各种模型很多，但是目前还没有广泛地应用在区域地下水脆弱性的评价中，脆弱性研究多集中在土壤和包气带的一维过程模拟，多为农药淋滤模型和氮循环模型（Michael等，1999；雷静等，2003）。例如，Rao和Aelly（1993）分别从土壤和包气带的衰减能力、污染质的对流弥散、污染质及其代谢物的毒理性等角度，提出了衰减因素指数模型、污染质的渗漏潜势指数评价模型、分级指数模型。过程数学模拟方法虽然具有很多优点，但只有充分认识污染质在地下环境的行为，并有足够的地质数据和长序列污染质运移数据，才能充分发挥它的潜力。

（3）统计方法。

统计方法是通过对已有的地下水污染信息和资料进行数理统计分析，确定地下水脆弱评价因子并用分析方程表示出来，把已赋值的各评价因子放入方程里计算，然后根据其结果进行脆弱性分析。常用的统计方法包括地理统计

(Geostatistical) 方法、克立格 (Kriging) 方法、线性回归 (Linear regression) 分析法、逻辑回归 (Logistitic regression) 分析法、实证权重法 (Weight of evidence) 等。如 Tesoriero 和 Voss (1997)、Sophocleous 和 Ma (1998) 分别用逻辑回归和线性回归法分析了 NO_3^- 污染地下水及海水入侵的防污性；康剑和艾静 (2014) 应用多元线性回归和逐步回归相结合的方法，研究了地下水脆弱性综合指标与其影响因子的关系。统计方法同时也用来对脆弱性评价中的不确定性进行分析。用统计方法进行评价必须有足够的监测资料和信息。目前，这种方法在地下水脆弱性评价中的应用不如迭置指数法及过程数学模型方法应用得广泛。

(4) 模糊数学方法。

近年来，模糊数学综合评判方法在评价地下水脆弱性评价中的应用日益广泛。该方法是在确定评价因子、各因子的分级标准以及因子赋权的基础上，经过单因子模糊评判和模糊综合评判来划分地下水的脆弱程度。郭永海等 (1996)、林学钰等 (2000) 用模糊数学方法研究了河北平原和松嫩平原地下水的脆弱性。相对而言，在这几种评价方法中，模糊法的指标数据比较容易获得，方法简单和易于掌握，是国内最常用的一种方法 (陈守煜等，2002；刘仁涛，2007；孙才志和奚旭，2014)。它的缺陷是评价指标的分级标准和评分以及脆弱性分级没有统一的规定标准，具有一定的主观随意性，脆弱性评价结果难以在不同的地区进行比较，缺乏可比性。

在以上 4 种脆弱性评价方法中，相对而言，迭置指数法的指标数据比较容易获得，方法简单，易于掌握，是最常用的一种评价方法。但是，由于评价指标的分级标准和评分以及脆弱性分级没有统一的规定标准，该法具有很大的主观随意性。过程数学模拟方法只有充分认识污染质在地下水环境中的行为特性，有足够的地质数据和长序列污染质运移数据，才能充分发挥它的潜力。统计方法则依赖于监测的足够长的已污染信息资料，同时，要考虑可比性问题。地下水脆弱性评价包含了一些定性与非确定性指标，通过隶属函数来描述非确定性参数及其指标分级界限的模糊数学方法应具有很大的优势。近年来，随着 GIS 技术的普及以及评价区域的扩大，国外于 20 世纪 90 年代末期便陆续出现了应用 GIS 方法结合地下水运移模型来评价地下水脆弱性的研究成果，也将是今后地下水脆弱性评价的方向和发展趋势。例如，王勇 (2006) 基于 GIS 平台对祁县东观镇地下水资源进行了脆弱性评价；肖兴平 (2011) 利用 ArcGIS 结合地统计分析原理，完成了河北省沧州市的地下水系统脆弱性编图，认为是查明地下水脆弱性的可靠手段。另外，鉴于 GIS 不能实现地层结构的三维化，也有学者利用专门的地下水模拟软件如 GMS (groundwater modeling system)，借助其强大的地层三维实体建模功能，实现水文地质结构的可视化，更方便进行地下水脆弱性评价（王丽红等，2008）。

1.3.3 地下水脆弱性编图

地下水脆弱性编图属于特种环境图件中的一种，涉及水文地质、环境地质以及计算机信息等知识，主要反映地下水的易污染性，它是评价地下水脆弱性的潜势、鉴定易污染区域、评估污染风险和设计地下水质量监测网络的工具，也是脆弱性评价结果的直观表达，有助于制订地下水的保护战略。早在20世纪60—70年代，美国和欧洲一些国家就编制了一些小比例尺的地下水脆弱性图，这些小比例尺图覆盖整个欧洲和美洲大部分地区，是为政府的需要从国家和区域层次上了解地下水易被污染的风险区而制定保护地下水的政策所编制。到20世纪80年代，世界各地出版了大量1∶50万、1∶1万、1∶5万等中、大比例尺的区域地下水脆弱性图（Zektser等，1995）。1987年在荷兰举办了“土壤和地下水对污染物的脆弱性评价”国际会议通报了各国的编图情况；1989年，在德国召开了“水文地质图作为经济和社会发展的工具”国际研讨会，会议对脆弱性图的分类和编图方法进行了交流；1994年，Vrba和Zaporozec编著了《地下水脆弱性编图指南》，推动了地下水脆弱性编图工作的全面发展，该书中，评价指标主要是包气带土层或岩层的厚度和渗透性，按5个脆弱性等级划分和编制脆弱性分区。1995年在加拿大举办的26届IAH会议上，一个重要的主题便是含水层的脆弱性评价及编图（陈葆仁，1996）。

我国在地下水脆弱性编图方面起步较晚，但发展很快。郭永海等（1996）、林学钰（2000）等分别编制了河北平原浅层地下水防污性能分区图、松嫩盆地地下水环境脆弱程度图。陈梦熊（2001）编著了《地下水资源图编图方法指南》，其中对地下水脆弱性编图方法作了论述。这些研究推动了我国在地下水脆弱性研究领域向前发展。近年来，GIS技术广泛应用到地下水脆弱性图的编制中，上述几种方法都有各自与GIS耦合应用的案例，其中以参数系统法与GIS耦合最为简单易行（Lobo-ferreira和Oliveria，1997）；GIS技术的应用使得地下水脆弱性图的成图和更新周期都越来越短，大量大比例尺的地下水脆弱性图的不断出现将促进它的普遍使用和不断发展完善（蒋益平，1996；阮俊等，2008）。另外，一些研究者把整个脆弱性研究过程利用编写的程序进行实现，例如，利用VC＋＋、VB、MatLab等程序语言实现整个评价过程。这种做法的目的是考虑到一些大型数学模型的构建、大量过程数据的处理以及实现结果的直接分析和利用（任小荣，2007）。

1.3.4 地下水脆弱性研究存在的问题

近年来，随着人们水资源保护意识的提高，国内外在地下水脆弱性研究方面开展了大量研究工作，取得了许多理论和实践成果。但由于地下水系统的复杂性和人们认识的差异性，目前对地下水污染脆弱性研究还存在一些问题或薄弱环节有待于进一步研究和完善。主要表现在以下几方面。

（1）尽管目前国内外都倾向于美国国家科学研究委员会关于将地下水脆弱性分为固有脆弱性和特殊脆弱性两类的主张，但是一个能被普遍认可并接受的地下水脆弱性概念尚未形成。

（2）目前地下水脆弱性评价基本上可以认为是单纯的地下水的易污染性评价，侧重于质的方面，而忽略了量的方面。由于过量开采地下水所产生的地面沉降、水质恶化、沙漠化等环境地质问题，是否属于地下水脆弱性的范畴还有待进一步地研究。干旱半干旱地区地下水的脆弱性机理也需要进一步的探讨。

（3）地下水脆弱性评价指标体系的建立问题。由于影响地下水脆弱性的因素指标很多，有定性指标，也有定量指标。有些指标之间具有相互关联性或包容性，所以在确定评价指标体系时，如何避免指标之间的相互关联或包容性，以及定性指标的量化标准问题尚未有一个好的解决方法。同时，脆弱性指标体系还存在验证问题，至今还没有哪种指标体系能适用于各种区域的地下水脆弱性评价，每一种指标体系都需要获得足够的事实验证，才能得出其是否真正能够有效评价该区地下水脆弱性程度（朱章雄，2007）。

（4）由于地下水脆弱性评价模型牵涉许多参数，导致评价模型过于复杂繁琐。对于一个多参数数学模型的求解尚未有一个有效的解决办法。与此同时，在地下水脆弱性评价过程中存在一种盲目套搬各种数学模型而忽略研究具体水文地质条件的倾向。应该指出的是，数学模型应该能够较好地反映研究区的水文地质条件，割裂模型与水文地质条件之间的联系不可能得出正确的评价结果。

1.4 研究内容、方法和技术路线

1.4.1 研究内容

本书选取我国西北干旱半干旱地区典型流域石羊河流域为研究区，根据石羊河流域的水系分布情况，并考虑到资料的系统性和完整性，确定研究区域边界，即，南部以武威盆地山前的古城—黄羊一线为界，北部以中渠—上河一线为界，东部以洪水河及苏武山西侧的沙漠边界为界，西部以青林—羊圈沙沟—牛毛墩及红崖山北部的沙漠边界为界。在研究区域内，由于沙漠大部分集中分布在民勤盆地，加之沙漠内缺少相应的观测资料，因此，本研究区域不包括沙漠以及山地地带。具体研究内容如下。

（1）在对地下水系统的基本概念、地下水系统的结构、地下水系统的资源属性和环境属性分析的基础上，将研究区概化为民勤盆地地下水系统和武威盆地地下水系统两个地下水亚系统，并分析该地下水系统的水循环机制及输入输出的组成。

（2）根据地下水水系统的分析及概化，分析石羊河流域地下水系统的功能和环境。界定地下水系统脆弱性的定义，揭示地下水系统脆弱性的表现特征和影响机理，建立流域地下水脆弱性评价指标体系。

（3）采用综合指数法、灰色关联投影法和基于MATLAB的人工神经网络（ANN），并结合地理信息系统MapInfo软件对流域内各个分区的地下水脆弱性进行评价，针对评价结果，结合民勤盆地和武威盆地进行综合对比分析；以流域内行政区为划分单元进行各个区/县的地下水脆弱性评价，以期为流域的地下水资源合理开发利用和保护提供理论依据。

（4）总结水资源脆弱性研究现状及成果，结合本研究过程中存在的不足，归纳了本研究领域存在的若干问题，并提出未来研究趋势。

1.4.2 研究方法

（1）室外调查与资料收集。通过实地调查、走访等形式收集有关水文气象、水利工程、水文地质、水土资源开发利用、地下水动态变化，生态环境等方面的原始资料及数据，为本研究提供基础资料。

（2）以地下水系统的基本理论为指导，根据流域水文地质现状和地下水的径流、排泄、特征概化地下水系统，并采取理论与实际相结合的方法分析研究地下水系统的脆弱性机理，在此基础上建立评价指标体系。

（3）采用数学方法和计算机软件相结合的方法对研究区地下水脆弱性进行评价，利用科学与程序计算软件——MATLAB实现数学方法的程序化，利用地理信息系统MapInfo软件提取图形相关属性信息，并探讨其在地下水系统脆弱性评价中的应用。

1.4.3 技术路线

本书的研究技术路线如图1.1所示。首先，进行石羊河流域基础资料的收集与处理，在此基础上进行脆弱性机理分析并确定评价指标体系，然后采用GIS技术提取流域地下水系统属性信息，得到各个评价因子分区图；利用人工神经网络（ANN）和灰色关联投影法、综合指数法等进行地下水脆弱性评价，并对不同方法的评价结果进行对比分析，综合评价石羊河流域地下水系统脆弱性，为该区水资源合理开发及配置提供科学依据。

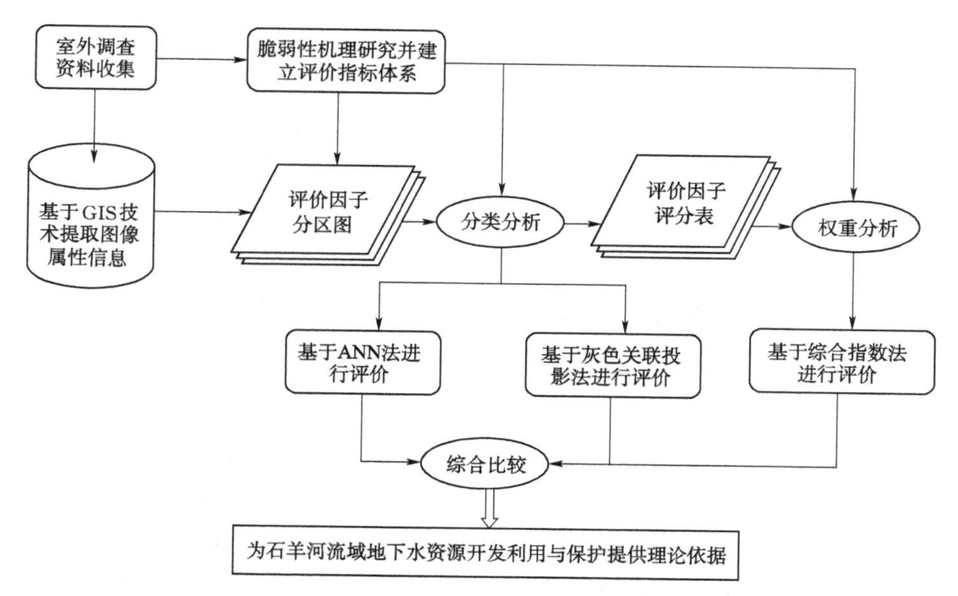

图 1.1 石羊河流域地下水系统脆弱性研究技术路线

第2章　石羊河流域概况

2.1　自然地理概况

2.1.1　地理位置

石羊河流域位于甘肃省河西走廊东部，地处乌稍岭以西，祁连山北麓，东经101°41′～104°16′、北纬36°29′～39°27′，东南与白银、兰州两市相连，西南紧靠青海省，西北与张掖市毗邻，东北与内蒙古自治区接壤。流域总面积4.16万km^2，占甘肃省内陆河流域总面积的15.4%。南部以武威盆地山前的古城—黄羊一线为界，北部以中渠—上河一线为界，东部以洪水河及苏武山西侧的沙漠边界为界，西部以青林—羊圈沙沟—牛毛墩及红崖山北部的沙漠边界为界。在研究区域内，沙漠大部分集中分布在民勤盆地，加之缺乏相应沙漠区的观测资料，因此，本研究区域不包括沙漠以及山地地带。石羊河流域在行政区划上包括金昌市、武威市凉州区、民勤县、古浪县以及天祝县的一部分，还有张掖市肃南县及山丹县的少部分区域。整个流域涵盖了流域内的湖北灌区、湖南灌区、泉山灌区、坝区灌区、环河灌区、清河灌区、金羊灌区清源灌区、永昌灌区、西营灌区和杂木灌区等灌区的全部或者部分区域。

2.1.2　地形地貌

石羊河流域地势南高北低，自西南向东北倾斜。全流域大致可分为南部祁连山地，中部走廊平原区，北部低山丘陵区及荒漠区四大地貌单元。

（1）南部祁连山地，系褶皱山系，由一系列平行山岭和山间盆地组成。海拔2000～5000m，其最高的冷龙岭主峰海拔5254m，4500m以上有现代冰川分布。山脉大致呈西北—东南走向。

（2）中部走廊平原区，在走廊平原区中部由于东西向龙首山东延的余脉——韩母山、红崖山和阿拉古山的断续分布，将走廊平原分隔为南北盆地，南盆地包括大靖、武威、永昌3个盆地，海拔1400～2000m，北盆地包括民勤盆地、昌宁盆地，海拔1300～1400m，最低点的白亭海仅1020m（已干涸）。走廊平原区地势开阔平坦，为富饶的绿洲所在区域。

（3）北部低山丘陵区，系石质低山丘陵，山势低矮，强度剥蚀。为低矮的趋于准平原化、荒漠化的低山丘陵区，海拔低于2000m。

（4）荒漠区，海拔1250～1400m，主要分布在民勤盆地和昌宁盆地。

2.1.3 气候条件

流域深居大陆腹地，属大陆性温带干旱气候，气候特点是太阳辐射强、日照充足，夏季短而炎热，冬季长而寒冷，温差大、降水少、蒸发强烈、空气干燥。流域自南向北大致划分为3个气候区。

（1）南部祁连山高寒半干旱半湿润区，海拔2000～5000m，年降水量300～600mm，年蒸发量700～1200mm，干旱指数1～4。

（2）中部走廊平原温凉干旱区，海拔1500～2000m，年平均气温不高于7.8℃，大于0℃的积温2620～3550℃；年降水量150～300mm，年降水日数50～80d，无霜期120～155d；年蒸发量1300～2000mm，干旱指数4～15。

（3）北部温暖干旱区，海拔1300～1500m，年降水量小于150mm；年蒸发量2000～2600mm，干旱指数15～25。

2.1.4 流域水系

石羊河流域中集水面积大于300 km^2的河流有八条，从东到西分别为大靖河、古浪河、黄羊河、杂木河、金塔河、西营河、东大河和西大河，这些河流均发源于祁连山区。在八大河流中，除杂木河未修建调蓄水库外，其他均修建有调蓄水库，水库下游基本断流或流量很小，河水通过河道、渠道及田间入渗等形式消失于戈壁带，到洪积扇边缘又以泉水的形式溢出地表，汇集成河流。其中，西大河的尾闾为金川河，汇入永昌与民勤交界的昌宁盆地；大靖河经水库调蓄后，余水在下游消失于腾格里沙漠；古浪河、黄羊河、杂木河、金塔河、西营河和东大河流经武威盆地汇合后称为石羊河，经红崖山水库注入民勤盆地。河流补给来源为山区大气降水和高山冰雪融水，产流面积1.11万km^2，多年平均径流量15.60亿m^3。

2.1.5 土壤特征

流域内地形高差悬殊，地貌类型复杂，受高原气候和大陆气候交汇影响，使水、热和植被等分布差异性较大，再加上人类水土资源开发活动的影响，使之形成了多种地带性土壤。南部祁连山山地为冰川、高山寒荒漠土、高山草甸土、亚高山草甸土、山地灰褐土、山地黑土、山地栗钙土；中部绿洲平原和北部荒漠区为灰钙土、灰漠土、灰棕漠土。由于耕地的熟化影响，绿洲内的耕地已由自然土壤演变为独立的土类，即绿洲灌耕地。此外，在部分地区还分布有盐土、草甸土、沼泽土、风沙土等土壤类型。

2.2　区域水文地质条件

2.2.1　水文地质条件

根据石羊河流域地质地貌条件和地下水的赋存形式，本区地下水分为山区裂隙-孔隙水和平原区孔隙水两种类型。山区裂隙-孔隙水主要赋存于祁连山地和龙首山地的变质岩系，但富水地段仅限于岩溶化的碳酸盐岩及横向断裂带。平原区孔隙水广泛分布于武威、民勤盆地和昌宁盆地中，盆地中巨厚的第四系堆积物是孔隙水良好的汇集场所。现对研究区域内的武威盆地和民勤盆地分别概述之。

2.2.1.1　民勤盆地

民勤盆地是远离祁连山的走廊北盆地，盆地内巨厚的第四系堆积物形成了多层结构的承压含水层体系，含水层主要为砂层，中间被亚黏土及亚砂土间隔；地下水水头埋深 10～30m，含水层厚度 60～100m，自南向北，其富水性逐渐变小；盆地南部坝区单位涌水量 3～7L/(s·m)，中部泉山区及北部湖区，单位涌水量降为 1～5L/(s·m)。

2.2.1.2　武威盆地

武威盆地南部山前断层台阶以上第四系厚度一般不超过 50m，为沙砾卵石堆积物，地下水位埋深 5～30m，含水层厚度 4～9m，分布零星，富水性较差，单位涌水量 2L/(s·m)；断层台阶以下是盆地地下水富集带，其南部为单一巨厚的沙砾石层潜水，含水层厚度 100～200m，水位埋深约 50～300m，单位涌水量 3～30L/(s·m)；向盆地北部逐渐过渡为双层结构的微承压～承压含水层，含水层岩性为沙砾石及沙砾，厚度 50～100m，水位埋深 5～15m，单位涌水量 3～10L/(s·m)。

2.2.2　地下水径流、补给及排泄条件

2.2.2.1　地下水径流

地下水的径流条件、赋存规律与地形、地貌、岩性构造关系密切。平原区第四系孔隙水的径流方向基本与岩性结构、地貌变化一致，总体流向为自南至北，一般由山前至平原，地下水条件逐渐减弱，但在地下水集中开采的中部平原区，形成大面积的地下水位下降漏斗，在漏斗边缘，径流有所增强。武威盆地地下水在南部山前接收了大量地表水补给后，由南、西两个方向向汇流后向北偏东方向流动，通过红崖山-阿拉古山构造鞍部与民勤盆地地下水发生水力

联系，民勤盆地地下水流向基本与武威盆地一致，昌宁盆地地下水在接收了金川河谷潜流补给后由南西向北东方向流动。沿地下水流向，地下水径流强度逐渐减弱，南部洪积扇群带，水力坡度为3‰～8‰，至北部湖积平原区，水力坡度降至1‰左右。

2.2.2.2 地下水补给

发源于祁连山区的八条主要河流及若干小沟小河的河水是盆地地下水的主要补给来源。南部山前洪积扇群带为地下水主要补给带，大厚度强渗透性的包气带地层为地表水入渗补给地下水创造了良好的条件。近年来，由于水库等调蓄工程的修建，天然河道中的河水流量逐渐减少，这部分河水在流经洪积扇群带时入渗补给给地下水；大部分河水经水库调蓄后以渠系及田间入渗的方式补给地下水。除上述地表水入渗补给外，散流洪水入渗、地下水侧向径流、降水及凝结水入渗等也是盆地地下水的主要补给源。据资料统计，武威盆地地下水补给量的80%来自地表径流，其余散流洪水约占5%，侧向径流约占12%，降水凝结水约占3%，民勤盆地和昌宁盆地与武威盆地有所不同，地下水来源于武威盆地的侧向补给及金川河潜流的补给占地下水资源的40%，渠系水入渗补给占50%，降水及凝结水补给占10%。

2.2.2.3 地下水排泄

石羊河流域地下水的排泄形式为人工开采、泉水溢出、蒸发蒸腾和侧向流出排泄。其中地下水的人工开采占主导地位，约占总排泄量的76%，其次为泉水溢出及蒸发蒸腾，分别约占总排泄量的14%和10%。近10年来，泉水溢出量逐渐减小，1987年泉水调查实测流量为2.88亿m^3，2000年泉水溢出量约为$1.67\times10^8m^3$。武威盆地地下水开采以开采中更新统～全新统地层中的地下水为主；民勤盆地以下更新统含水层组及全新统～上更新统含水层组多层含水层混合开采为主，其中，补给和排泄几乎同时发生是民勤盆地地下水运动的特点。

2.3 社会经济

流域范围包括武威、金昌、张掖、白银四市，其中武威市是石羊河流域经济、政治、社会发展的重点区域，人口占78.4 %，灌溉面积占70%，GDP占61%，粮食总产量占80%，是河西地区人口最集中、水资源使用程度最高、供需矛盾最突出的地区；金昌市是我国著名的有色金属生产基地。流域内总耕地面积625万亩，现状流域平均人口密度为55人/km^2，约为河西平均人口密度的3.4倍，其中绿洲承载人口更大，达300人/km^2以上，对于干旱半干旱地区来说，人口密度已经相当高。

截至2000年底，流域内总人口223.23万人，其中农业人口162.82万人，城镇人口60.41万人，其中六河系统的人口为流域之首，占全流域人口的68.97%；耕地面积552.82万亩，总灌溉面积476.8万亩[1]，农田灌溉面积450万亩；国内生产总值94.72亿元，工业总产值87.7亿元，农业总产值43.3亿元，粮食总产量103.4万t，流域及各系统2000年综合社会经济指标详见表2.1。

表2.1　流域及各系统2000年综合社会经济指标

河　　系		西大河系统	六河系统	大靖河系统	石羊河流域
总人口/万人		38.65	155.97	28.61	223.23
在总人口中	城镇人口/万人	23.63	34.44	2.34	60.41
	农业人口/万人	15.02	121.53	26.27	62.82
农田灌溉面积/万亩		77.03	367.3	5.41	449.74
保灌面积/万亩		68.7	276.72	4.71	350.13
林草灌溉面积/万亩		4.07	22.2	0.12	26.39
工业总产值/亿元		46.07	41	1.01	88.08
农业总产值/亿元		5.9	33.8	3.65	43.35
粮食总产量/万t		11.87	81.3	10.24	103.41
大牲畜/万头		5.93	36.4	12.18	54.51
小牲畜/万头		37.7	172	31.57	241.27
人均灌溉面积/亩		1.41	2.3	0.32	2.02
人均粮食产量/kg		307	521	561.3	463
农民人均纯收入/元		2781	2451	780.56	2035

2.4　石羊河流域水资源开发利用现状

石羊河河流域经过几十年的水利建设，已形成了上游山区水库调节、中游平原输水灌溉、下游井灌和渠灌相结合的水资源开发利用模式。截至2000年，流域已经建成水库23座，总库容4.5亿m^3，兴利库容3.48亿m^3；建成的干支渠道713条，总长度6716km，渠系衬砌率达到75%～81%；有各类灌区22座，灌溉面积30万hm^2；建成机井1.64万眼，配套1.48万眼。

2000年流域总供水量26.63亿m^3，其中供水量占总供水量的52.38%，

[1] 1亩≈666.67m^2。

地下水工程占47.61%，其他0.17亿m^3，占0.1%。2000年社会经济各部门总用水量26.63亿m^3，占总用水量的4.73%，农田灌溉用水量占87.68%(其中六河中游农田灌溉用水量占六河中游总用水量的比例高达89%，下游民勤县农田灌溉用水占民勤县总用水的87.8%)，林草用水量占3.93%，城市生活用水量占1.11%，农村生活用水量占2.55%。

经过多年以来的水利工程建设，流域内已初步形成了以蓄、引、提为主的供水体系，但仍属于典型的资源型缺水地区。河西走廊三大水系中，石羊河流域水土资源开发利用程度最高，流域内耗水总量已超过水资源总量，水资源消耗率达109%，水资源开发利用程度高达172%，远远超过水资源的承载能力。流域内单方水GDP为3.33元/m^3，远低于全省8.03元/m^3和全国16.39元/m^3，水资源利用效率偏低。

第3章 地下水系统分析

我国西北干旱半干旱地区，水资源缺乏且分布极不均匀，生态环境脆弱，水土流失严重，加之水土资源开发利用过程中无序和短视的开发，造成或加速了生态环境的破坏，引起区域荒漠化、盐碱化、盐渍化等生态环境问题。在干旱及半干旱区，水资源更是维系脆弱生态环境的珍贵资源，生态环境变化的主导因素是地下水系统特征和功能的变化（许广明和张燕君，2004）。因此，认识地下水系统的特征和功能是研究该区域地下水系统环境问题的可靠途径，只有在全面研究地下水系统的基础上，才有可能为地下水系统脆弱性评价建立正确的数学模型，并科学地评价地下水系统的脆弱性。

3.1 地下水系统的基本理论

3.1.1 地下水系统的概念

目前，关于地下水系统还缺乏一个明确的定义。荷兰阿姆斯特丹自由大学的英格伦博士（1986）认为地下水系统可以看作在时间和空间上具有四维性质、能量不断新陈代谢的有机整体，它可以从出生、成长、一直到衰老或消亡。苏联 H. B. 鲍柯夫斯卡娅在《水文地质学概念的现状和预测问题》一文中指出：任何一个复杂系统都可归纳为三个方面，即：①系统的组成；②系统的结构，它表征系统与周围介质的相互作用和系统内各要素的相互联系；③系统的作用、性质和发育历史。她提出了“水文地质系统”这一术语，作为水圈地下水部分的基本单位，它占有一定的三维空间体积，周围受自然条件的限制（张俊等，2010）。这一界限为水文地质系统的定量研究提供了数学方法，即在一定边界条件下，为定量描述系统内物质流动提供了基础（张瑞和吴林高，1997）。美国地质调查所水资源处拉尔夫 · C. 海斯认为地下水系统指的是从潜水面到岩石裂隙带底面的这一部分地壳，是地下水赋存和运动的场所，由含水层（作为地下水运动的通道）和围闭层（阻碍地下水运动）所组成（杜玉娇，2013）。美国有研究者认为地下水系统的定义是“任何真实的或抽象的结构、装置、方案或过程，在一定的时间内所反映的物质、能量、信息的输入和输出及其演变关系”（贺新春，2003）。我国学者陈梦熊等（2002）指出，要正确理解地下水系统，首先要理解含水层系统的概念。含水层系统只是以含水层为基本单位的一组具有固定边界的、相互联系的、同一时代或不同时代的若干含水岩组。而地下水系统是指在时空分布上具有共同水文地质特征与演变规律的一个独立单位，它可以包括若干次一级的亚系统或更低的单位。

因此，一个含水层系统，可以由于水动力、水文地球物理、水文地球化学等综合因素，而与若干个地下水系统发生联系，每个地下水系统具有各自的水动力系统和水化学系统，彼此之间相互联系又相互影响，其形状与范围可因内外动力作用和能量转化的影响而发生变化，所以它的边界是自由可变的，即可以因水动力作用而发生收缩或扩大。随着系统论的发展，系统思想与方法广泛地渗透到各学科领域（许国志，2000；陈忠，2005）。系统思想与方法的核心是把所研究的对象看作一个有机的整体，并从整体的角度去考察、分析与处理事物。在这种背景下，人们对地下水系统的研究不再局限于地下水本身的水文地质特征，开始应用系统工程的原理和方法，把一定范围内的地下水体作为一个完整的系统，从整体上、全局上和在系统与外界环境的相互联系上，通过分析整体与部分之间、整体与外部环境之间相互联系、相互作用与相互制约的关系，来研究地下水系统。比较典型的例子是徐涓铭等于 1988 年根据 Willis 和 Yeah 提出的狭义地下水系统（张永波，2001）。

狭义的地下水系统由三部分组成（图 3.1）。

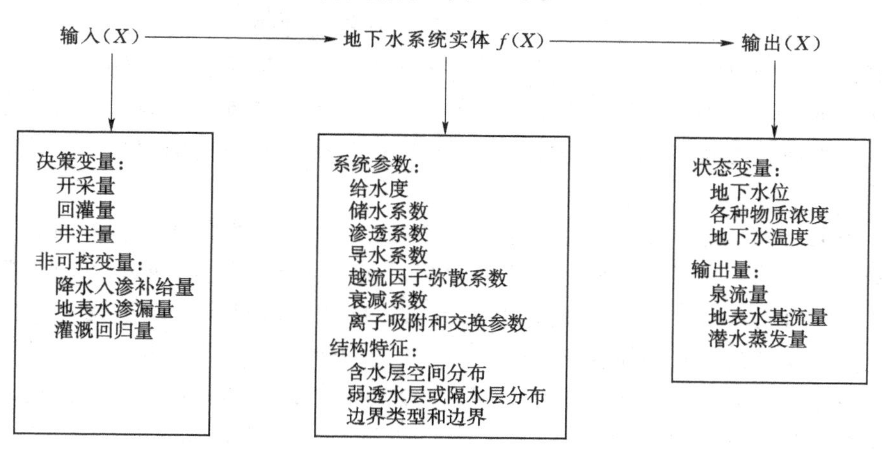

图 3.1 地下水系统组成部分

（1）输入：即地下水系统接收环境的物质、能量或信息。在系统工程中，通常称输入为输入变量，它又分为可控变量和非可控变量。前者认为是可操作的，又称为决策变量，如地下水开采量、人工回灌量等，正是通过对决策变量的操作，来达到对地下水系统控制和管理的目的。

（2）输出：即地下水系统对输入的响应，这种可以是系统状态的变化或系统向环境给出的物质、能量或信息。如上述输入引起的地下水位和泉流量变化即为地下水系统的输出，在系统工程中将输出成为输出变量。用来表示系统状态的一组独立的输出变量称为状态变量，如地下水位、地下水矿化度均为地下水系统的状态变量。

（3）地下水系统实体：又称为水文地质实体，即系统的结构，如含水层的类型、结构、水文地质参数、边界条件等，它决定了输出对输入的响应程度。

地下水系统的输入和输出关系可表示为

$$Y = f(X) \tag{3.1}$$

输入、输出或系统实体（参数）随空间位置变化的地下水系统称为分布参数地下水系统，而不随空间变化的成为集中参数地下水系统。由于赋存地下水的含水岩体和相对隔水岩体在一定的空间分布的，且地下水的输入（如降水入渗、人工开采等）和输出（如地下水位、泉流量）也与空间分布有关，故实际的地下水系统都是分布参数系统。其典型特征是不同位置的水文地质参数、补排量以及状态变量有差异。

从地下水系统的组成部分可以看出，地下水系统的形成及其特性，一方面取决于自然因素，如地质和水文地质条件、水文和气象条件等；另一方面，地下水系统是水文系统中的一个重要组成部分，所以地下水系统与地表水（包括降水径流）系统存在不可分割的关系。地下水系统实际上受地表水的输入系统与输出系统的控制，它的演变与发展过程往往就是地下水系统与地表水系统互相转化演变的过程，其演变规律既受各种天然因素的影响，同时也受到各种社会环境因素、特别是人类活动的干扰与影响。地下水系统通过输入、输出与外界有着物质、能量的交换，因此，地下水系统是一个开放的自然-人工复合系统。

由此可知，地下水系统是一个错综复杂，包括各天然因素、人为因素所控制的具有不同等级的互相联系又互相影响，在时空分布上具有四维性质和各自特征、不断运动演化的若干独立单元的统一体。所以只有运用系统分析的方法，才有可能把如此错综复杂、支离分散的认识概括在一个完整的系统结构内（卡建民，2004）。这个统一结构，就是我们所称的地下水系统。综上所述，地下水系统的概念，可以归纳为（张光辉等，2004）以下几点。

（1）地下水系统是由若干具有一定独立性而又互相联系、互相影响的不同等级的亚系统或次亚系统所组成。

（2）地下水系统是水文系统的一个组成部分，与降水和地表水系统存在密切联系，互相转化；地下水系统的演化，很大程度上受地表水输入与输出系统的控制。

（3）地下水系统的时空分布与演变规律，既受天然条件的控制，又受社会环境、特别是人类活动的影响而发生变化。

基于以上地下水系统的概念，地下水系统划分应遵循以下原则：

（1）一定的含水层岩组结构；

（2）一定的边界条件控制；

（3）相对独立的地下水补给、径流、排泄条件；

（4）适度的单元面积范围。

3.1.2　地下水系统的资源属性和环境属性

资源属性是地下水系统的主要特征之一。地下水作为一种资源，除具有其本质固有的自然属性，如系统性、流动性外，还具有可调节性和可恢复性。其中，可调节性主要针对水量而言，是指地下水在系统结构作用下，使不连续的降水和水量输入变为相对连续、均匀输出的这种自然属性。地下水的可调节性使得地下水在一定程度上能维持枯水季节或年份的用水需求，为社会经济的发展提供保障。地下水的可恢复性，又被称为可再生性。在地下水开发利用过程中，如果系统排出的水量（包括人工开采量）不超过某一特定阈值，则大部分水量可以通过外界补给得到补偿。地下水资源的可恢复性，与地下水系统的开放性是密切相关的。近几年来，人们过度无序地开采地下水，使地下水不能得到及时的补给，因此，极大地降低了地下水的可恢复性，并产生了一系列水环境问题。地下水除具备自然属性外，在开发利用过程中，它们还与社会、经济、科学技术发生联系，因而又具有社会属性。其社会属性主要表现在其商品性和作为储量资源的不可替代性。对于储量资源来说，只有在干旱季节与年份，才会被动用以调节供水水量使之在时间上保持稳定均衡。被动用的储量资源，原则上应在丰枯水文均衡期内予以补偿，只有这样，才能保持地下水的可持续利用，地下水系统才会具备较强的调节能力，长期保证供水的稳定均衡。但是，为了维持社会经济的发展，人们长期过度动用储量资源，伴随的直接环境效应是地下水位下降、提水的能量消耗上升和提水机具需要不断更新，并引发地面沉降、水质恶化等环境损害。长期过度的调用储量资源，必将以牺牲生态环境为代价。

地下水是整体环境的重要组成，在生态和地质环境中具有不可替代的作用，对于社会经济的发展具有独特的安全、战略资源保障功能和水资源多年调蓄-平衡功能，以及干旱半干旱地区生态环境维持支撑功能。

支持着人类生存与发展的生态环境是一个超复杂系统，它与地下水系统密切相关，相互联系、相互作用和相互制约，构成一个有机整体。在自然条件下，生态环境处于一个相对稳定的动平衡状态，它的变化从人类角度来看是相当缓慢的。但是，人类活动通过改变地下水循环条件，引发了地下水超采、生态系统劣变和地质环境恶化问题，造成地下水系统资源、环境、生态和调蓄功能之间的关系失调。人口的急剧增长和科技的高度发展两者的叠合，使人类具有前所未有的干预自然环境的强大力量，这种力量在很多情况下已远远超出了生态环境系统自身的调节能力，而使生态环境发生显著变化。例如，石羊河流域土地大面积的沙漠化、盐渍化等严重影响着人类生存的环境，从而产生了大量的“生态难民”。

相对于人类活动，生态环境的退化往往具有滞后性和不可逆性，加之生态环境系统与地下水系统之间的整体性，决定了地下水系统生态环境属性功能与资源属性功能之间互动关系的敏感性和复杂性。

3.1.3 地下水系统的基本结构

地下水系统结构是地下水系统保持整体性并具有一定功能的内在依据。地下水系统的集合性、相关性和层次性是作为地下水系统结构的主体骨架的内涵特性。一个独立的完整的地下水系统，是在一定的边界范围内，通过地下水循环系统，把三维空间的水文地质实体连接成为一个互相紧密联系的整体。这个实体的范围，一般是一个盆地或一个流域，而实体的本身主要就是组成系统的含水地质体，一般为若干含水层组成的含水层系统。所以一个地下水系统是由系统内的含水层系统与其输入、输出系统共同组成的一个独立单元。这个独立单元，一般包括补给区、径流区与排泄区三个部分。

含水层是地下水赋存的主要场所，即地下水的主要载体，有不同的划分方式。根据含水介质的不同，可划分为孔隙含水层系统、裂隙含水层系统以及岩溶含水层系统。根据含水层的水力特征，可划分潜水含水层系统与承压含水层系统。根据含水层结构，可划分单层、双层以及多层含水层系统。根据含水层的埋藏条件，可划分为浅层水系统、中层水系统以及深层水系统。根据含水层的沉积相，可划分为冲积相、湖积相等含水层系统。根据含水层的地层时代，可划分为第四系、第三系、白垩系等含水层系统。如果两个或两个以上不同时代的含水层系统互相叠加，可称为复合型复杂含水层系统。

由此可见，地下水系统的结构，很大程度上受含水层系统的制约。例如系统的边界、含水体的规模与几何形状、水文地质参数、地下水的运移与传输能力以及水化学的迁移交替等，无不受到含水层系统的结构、埋藏条件、水力特征、岩性岩相，以及地质构造等因素的影响。在平原地区，地貌、第四纪地质以及新构造，往往对地下水系统的运行机制起主导作用；在基岩山区，地层系统、构造系统和岩溶系统都对地下水系统的运行机制与基本功能，起到主要的制约作用。地下水系统的功能在于接受物质、能量以及信息的输入，通过系统的转换（传输），在时间历程中相应产生物质、能量以及信息的输出。辨析上述相关理论与机理才能更好地进行本研究区地下水系统的划分及分析。

3.2 石羊河流域地下水系统

在综合分析现有资料的基础上，对研究区地下水系统进行抽象和概化，进而建立地下水系统概念模型。

3.2.1 含水层系统分析

石羊河流域内的武威盆地和民勤—潮水东盆地自上新世以来均处于大幅度沉降过程。盆地中上新统及第四系的厚度达千余米。地下水主要赋存于中上更新统～全新统含水层系中。

武威盆地中上更新统～全新统含水层除局部地区外（约占含水层分布面积的7%），在总体上可视为一个统一的无压或半压含水层。含水层的下界是导水性较小的上更新统～下更新统含水层系。含水层厚度为50～200m，自南而北渐薄。

与武威盆地相比，民勤潮水盆地中的中上更新统～全新统含水层的厚度较薄，大部分地区不超过60～100m，从龙首山前洪积扇到马连井、黄土岗一带的盐沼地，含水层由无压的潜水过渡为砾砂、砂、粉砂与黏性土相互交叠的多层状承压水。

盆地东部的红崖山水库灌区，各含水层的水位无明显差异，因而可以作为一个统一的、多层介质的无压或半无压含水层。

上述水文地质盆地具有各自独立的径流、补给、排泄过程，因此是独立的水文地质单元。与此同时，盆地之间通过河水与地下水之间相互转化，使南北方向上同属一个河系的两个或三个盆地发生水力联系，从而构成内陆河流域特殊的“河流-含水层”系统。

3.2.2 地下水系统分析

3.2.2.1 地下水系统划分

根据石羊河流域地形、地貌条件和地下水赋存形式，地下水可分为山区裂隙水和平原孔隙水两种类型。山区裂隙水赋存于祁连山地和龙首山地的变质岩中，由于富水段仅限于岩溶化的碳酸盐岩及横向断裂带，不具备开发利用条件，所以不作为研究对象。孔隙水赋存于武威盆地、民勤盆地和昌宁盆地的第四系砂卵石层中，是流域平原区绿洲经济发展的重要水源。依据含水层结构和水力特征，盆地孔隙水又可分为潜水微承压水或承压水两个类型，但由于潜水区和承压水区之间没有稳定的隔水层，再加上近几十年来地下水的大量开采，使两含水层之间相互串通、水力联系更加紧密，基本上形成一个统一的含水层。因此，本书将研究区各盆地的潜水和微承压水或承压水含水层视为平原区的地下水系统。

流域平原区地下水系统的补给主要来自于河水、渠系引水及田间灌溉水的入渗补给，排泄形式主要有地下水的人工开采、泉水溢出和蒸发。由于平原区地下水系统已受到绿洲水土资源开发的直接影响，所以，该系统是一个开放性的自然-人工复合系统。根据地下水的补给、径流、排泄条件，研究区可进一步划分为两个地下水亚系统：①民勤盆地下水亚系统，该区总土地面积为 $2303km^2$，其中沙漠及山地面积为 $445km^2$，地下水位较高；②武威盆地地下水亚系统，该区总土地面积为 $2166km^2$，地下水位相对民勤盆地较低。石羊河流域平原区地下水系统划分如图 3.2 所示。

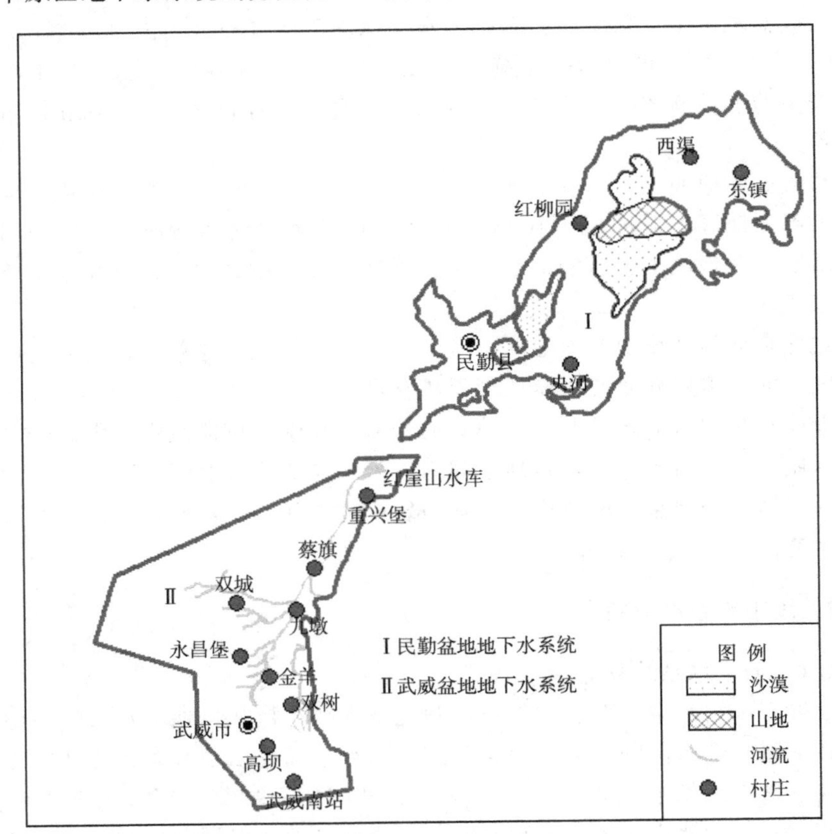

图 3.2　石羊河流域平原区地下水系统划分

3.2.2.2　地下水系统运转机制及输入输出分析

石羊河流域地下水系统是一个开放性的自然-人工复合系统，系统与外界进行着频繁的物质与能量交换。武威盆地地下水系统的输入主要有山区侧向补给、降水入渗补给、河水入渗补给、灌溉水入渗补给、潜水蒸发、向河流排泄和人工开采，输出主要为地下水位、地下水各种物质浓度和泉流量。民勤盆地地下水系统的输入与输出基本与武威盆地地下水系统一致。

从上面的分析可以看出，石羊河流域地下水系统的输入主要为地下水的补给，包括降水入渗补给、河水的补给以及灌溉回归量等，输出主要为地下水系统实体对地下水资源均衡结果的响应，主要表现为地下水位、地下水各种物质浓度和泉流量。对石羊河流域 2000 年的地下水资源的补给、排泄及地下水位、地下水质量和泉流量进行分析可得，地下水的输入处于负均衡的状态，从而导致地下水的输出要素地下水位持续下降，并进而导致地下水矿化度等不断升高和泉流量锐减等。石羊河流域 2000 年地下水均衡结果及地下水位下降幅度见表 3.1，民勤盆地地下水补给量和排泄量均低于武威盆地，但前者地下水位下降了 0.57m，高于武威盆地的 0.37m。近些年来，由于流域上游用水量增加，进入民勤盆地的地表水自 20 世纪 50 年代以来锐减，同时随着人口和经济的发展，需水规模不断扩大，使得民勤盆地地下水开采量严重超采，这些因素对该区域地下水循环产生极大影响。

表 3.1　　石羊河流域 2000 年地下水均衡结果及地下水位下降幅度

区　域	补给量/亿 m^3	排泄量/亿 m^3	均衡结果/亿 m^3	地下水位下降/m
民勤盆地	4.7029	6.2135	−1.4926	0.57
武威盆地	6.4870	10.1506	−3.6636	0.37
合计	11.1899	16.3641	−5.1562	—

第4章　石羊河流域地下水系统脆弱性分析

4.1　“脆弱性”研究的相关理论

近年来，脆弱性一词经常出现在环境、生态和灾害学等领域的有关文献中，用来描述相关系统及其组成要素易于受到影响和破坏，并缺乏抗拒干扰、恢复初始状态（自身结构和功能）的能力。脆弱性研究比较集中的领域主要包括生态（环境）、自然灾害、地下水、水资源等领域，其中以生态环境和地下水的脆弱性研究较为深入。

4.1.1　脆弱生态环境的内涵及特征

关于脆弱生态环境的概念，很多学者对其作了充分的研究。脆弱生态环境是由群落交错带概念演变而来。1905年美国学者Clements将“Ecotone”这一术语引入生态学研究，关于脆弱生态环境的研究逐渐开展。1989年布达佩斯召开第七届SCOPE会议上，重新确认了生态过渡区的概念，脆弱生态环境领域的研究愈加活跃，如Evans和Thames（1981）探讨了荒漠生态系统的脆弱问题；Kovshar和Zatoka（1991）研究了干旱环境生态脆弱问题。20世纪80年代后期至90年代中期，中国地学、环境科学等领域学者将“Ecotone”中“生态过渡地带”思想引入各自研究领域中，形成生态环境脆弱带、活生态脆弱带等相关概念（李克让和陈育峰，1996；沈珍瑶等，2003）。

脆弱生态环境，就是抗外界干扰能力低、自身的稳定性差的生态环境，在外界的干扰下易于向环境恶化的方向发展。脆弱生态环境因不同地区、不同成因而表现不同特征，如黄土高原水土流失是关键因素，西部干旱区、半干旱区缺水严重，黄淮海平原地区则是盐碱化等，主要特征有：沙化及石砾化、盐碱化、水土流失/肥力下降、自然恢复能力差、植被退化、土地适宜性降低、灾害频度增加等。目前对脆弱生态环境存在三种理解和认识：第一种认为它是自然属性或生态方面的变化类型和程度的定义，即生态系统的正常功能被打破，超过了其弹性自调节的“阈值”并由此导致反馈机制的破坏，系统发生了不可逆变化，从而失去恢复能力的生态环境，称为“脆弱生态环境”；第二种理解是从自然-人文的角度出发，认为当生态系统发生了变化，并影响当前或近期人类的生存和自然资源利用时称为“脆弱生态环境”。这种理解把人地关系系统视为一个静态的、封闭的系统，从中去探求系统内部的自然因素和人文条件的变化及其后果；第三种理解属于广义的人文理解的范畴。它认为当生态环境退化超过了现有的社会经济和技术水平下能长期维持目前人类利用和发展的水平时，称为脆弱生态环境，也就是在保持和增大人类利用环境的程度和规模条件下，可以通过经济、技术改革和调节，也可以靠外来资源和向外输出来缓解环境退化和资源短缺的问题。

不同学者对脆弱生态环境的理解有所不同。有学者定义脆弱生态环境为生态稳定性差、生物组成和生产力波动大，对人类活动及突发性灾害的反应敏感，自然环境易于向不利于人类利用方向演替的一类自然环境类型。赵跃龙和张玲娟（1998）称脆弱生态环境为生态环境退化超过了在现有社会经济和技术水平下能长期维持目前人类利用和发展的水平时。显然两种表达的侧重点不同，第一种是从环境的自然属性或生态方面的变化和尺度来定义，第二种则是从人文的理解范畴考虑人类的经济发展水平，通过技术、经济和资源的调度来缓解环境退化和资源耗劫。从不同角度定义脆弱生态环境，也就导致了区域脆弱生态环境评价方法与指标体系的不同（黄淑芳，2003）。

4.1.2 灾害脆弱性

对于灾害的认识，20世纪70年代以前，人们普遍认为致灾因子是影响人类社会和经济发展、造成生命财产损失或资源破坏的主要原因，并强调致灾因子动力学成因机制研究、技术工程减灾措施及灾害发生后的救援反应等。80年代起，国际上灾害学界开始重视人类脆弱性在灾害形成中的作用，认为灾害是社会脆弱性的体现，是一种或多种致灾因子对脆弱性人口、建筑物、经济财产或敏感性环境打击的结果，这些致灾事件超过了当地社会的应对能力。自20世纪90年代以来，防灾、减灾向综合化方向转移，将脆弱性研究与“调整”的思想扩展到各个环节。

国际灾害学界对脆弱性的定义可概括为如下三种（商彦蕊，1998；商彦蕊和史培军，2000）。

（1）强调承灾体易于受到损害的性质。脆弱性是指承灾体对破坏和伤害的敏感性。

（2）强调人类自身抵御灾害的状态。脆弱性是指人类易受或敏感于自然灾变破坏与伤害的状态。

（3）综合定义。脆弱性是指人类、人类活动及其场地的一种性质或状态。脆弱性可以看成是安全的另一方面。脆弱性增加，安全性就降低。脆弱性越强，抗御灾害和从灾害影响中恢复的能力就越差。

在灾害领域，目前脆弱性研究主要采用定性分析与建立概念模型的方法，针对具体灾害种类，将定性与定量研究相结合的评估方法较少，而且评估方法也主要是采用建立指标体系的方法。由于定量研究的不足，使得自然灾害脆弱性研究成果难以应用到具体的地域或空间，因而不便于指导减灾实践。

4.1.3　水资源脆弱性

对于水资源脆弱性研究，国外主要探讨的是气候变化下对水资源系统的影响，对于水资源脆弱性的用词，最初是 water resources - based vulnerability（WRV）（Surendra，1998），后来直接为 vulnerability of water resources（Thian，2000；Hurd，2000）。唐国平等（2000）虽然提出了全球气候变化下水资源脆弱性研究的总体框架，但实际上还是将水资源脆弱性定义在开展水资源供需平衡的研究上，探讨全球气候变化下水资源的供需平衡问题。由于全球气候变化对水资源的影响难以准确定量预测，而且针对具体区域气候变化的预测目前尚不可靠，更不用说开展针对具体区域的气候变化对水资源影响问题的研究。因此，该框架的提出具有重要的理论意义，但如何针对具体地区进行评价尚有许多工作要做。

4.1.4　地下水脆弱性

地下水脆弱性研究始于1968年，主要研究地下水对污染的脆弱程度，以此来唤醒人类社会对地下水污染问题危害性的认识。有关地下水脆弱性的定义较多，较为公认的为美国国家科学研究委员会于1993年给出的定义：地下水脆弱性是污染物到达最上层含水层之上某特定位置的倾向性与可能性。同时将地下水脆弱性分为两类：①固有脆弱性，即不考虑人类活动和污染源而只考虑水文地质内部因素的脆弱性；②特殊脆弱性，即地下水对某一特定污染源、或污染群体、或人类活动的脆弱性。国内外关于地下水脆弱性的研究现状详见第1章，在此不再赘述。

目前，国内所进行的地下水脆弱性研究多是关于湿润或半湿润地区的，且主要从地下水水质的角度出发，研究地下水潜在的易污染性。由于内陆干旱半干旱区的地下水的形成条件和结构功能完全不同于湿润地区，因此，抛开地下水系统所处的环境孤立地去研究地下水的易污性是不合理、不全面的。因此，本章在分析石羊河流域地下水系统的功能和环境的基础上，通过地下水系统脆弱性的内涵、地下水系统脆弱性的表现特征的分析，进一步揭示内陆干旱半干旱区的地下水脆弱性机理。

4.2 石羊河流域地下水系统脆弱性分析

前已述及，石羊河流域地下水系统是一个开放性的动态系统，与外界有着频繁的物质和能量交换，地下水系统的结构和环境决定着其脆弱性。

4.2.1 地下水系统的功能

石羊河流域平原区的地下水系统是流域水循环的一个重要组成部分，根据地下水系统的结构和分布特点，并充分考虑到地下水系统的资源属性和环境属性，该系统具有以下功能。

（1）储存、传输、调蓄地下水量的功能。石羊河流域平原区广泛分布的面积广、厚度高、颗粒粗的含水层是孔隙水良好的汇集与储存场所，加之地下水是在复杂的孔隙当中运动，其流动性具体的表现形式为补给、径流、排泄，这两种特点决定了地下水系统对河水及灌溉水的补给具有一定的储存、传输、调蓄和水量再分配作用。正是由于这种独特的功能，使流域内有限的水资源能够在河水与地下水之间重复转化，提高了水资源的利用率，为平原区绿洲经济的发展提供了宝贵的水源。

（2）溶解与搬运水化学成分的功能。地下水作为流体，在孔隙中运动的同时，还具有溶解与搬运水化学成分的功能。因此，地下水系统对平原区地表水与地下水转化中存在的盐类和其他可溶性物质有着溶解、浓缩和迁移的作用。这增强了流域地表水与地下水转化的水环境效应。

（3）生态环境的维持支撑功能。对于干旱半干旱区来说，平原区绿洲与沙漠地带的天然生态植被是生态环境优劣的主要标志，而植被生长状态与土壤水分和地下水位埋深密切相关。有研究资料表明，内陆干旱区的沙生植物的生长有一个最佳的地下水位区间，即生态地下水位，当实际的地下水埋深超过这个阈值时，土壤水分含量便会下降，植物因根系吸不到水分而逐渐衰败、死亡，进而导致土地沙化。因此，地下水位对生态环境有着主要的控制作用，地下水系统对生态环境具有维持和支撑功能。

4.2.2 地下水系统的环境

石羊河流域平原区地下水系统作为一个开放性的自然-人工复合系统，必然会受到各种自然因素（如气候、水文地质、生态环境）和人为因素（如水土资源开发利用及绿洲经济发展）的影响。因此，地下水系统的环境指那些处于系统外部、对系统结构和功能产生影响的因素，包括地下水系统接受环境输入

（如降水入渗补给、河渠渗漏补给、地下水开采等）和地下水系统对环境输入的响应（泉水溢出、潜水蒸发、地下水位和地下水化学成分变化等，即地下水系统的输出）。地下水系统与环境有着十分密切的关系，一方面，环境对地下水系统输入物质、能量和信息，并接收系统对环境的各种输出，使系统具有物质性和能量流的运动，以维持地下水系统结构和功能的稳定；另一方面，环境的作用也影响着地下水系统的有序性和功能，一旦外界的作用力超过了地下水所能承受的限度时，地下水系统仅凭借系统内部的自适应机制，就难以进行自我调节，此时，系统就失去原有的稳定结构，必然导致系统功能的失调，甚至系统的消亡。

综上所述，对石羊河流域地下水脆弱性可理解为：在自然因素和人类活动等外部环境综合作用的影响下，地下水系统功能的稳定程度或敏感程度以及抵御外界干扰能力的高低。

4.2.3 地下水系统脆弱性的内涵及其表现特征

4.2.3.1 地下水系统脆弱性的内涵

任何系统经长期的演化发展，系统自身的功能及其与周围环境的关系都会逐渐稳定下来，只有大规模的人类经济开发活动或严重的自然灾害影响才会导致这种平衡状态的破坏，而使系统环境处于脆弱状态，并不断朝恶化的方向发展。地下水系统作为一个开放的人工-自然二元复合系统，其脆弱性首先应针对人类活动而言的，抛开人类活动，就无所谓脆弱可言。因此，地下水系统脆弱性研究，除其固有脆弱性研究外，相对于周围环境影响的特殊脆弱性更应该作为地下水系统脆弱性研究的重点。周围环境的影响即输出和输入对地下水系统实体的影响。石羊河流域所处的自然环境极其恶劣，这对地下水系统脆弱性的演化有着重要的作用，因此，若把地下水系统脆弱性的原因全归咎于或者过分夸大该地区人类活动的影响也是不合理的。

对于地处内陆干旱半干旱区的石羊河流域来说，其地下水系统的功能首先表现在维持人类经济的可持续发展，并促进生态环境的改善，因此，单纯地从地下水污染的角度来分析石羊河流域的地下水系统脆弱性也是不全面的。污染主要针对地下水水质而言，然而，由资源型缺水所导致的水量问题对地处干旱地区的石羊河流域来说更加重要，因此，地下水的水量问题亦应纳入脆弱性的范畴。除此之外，作为地下水系统输出的生态环境退化因子，地下水脆弱性的演变机制以及人类活动在地下水系统脆弱性演变过程的作用亦应得以充分的考虑。

4.2.3.2 地下水系统脆弱性的表现特征

流域地下水系统的输出主要表现为地下水位的下降，地下水各种物质浓度和泉流量。本研究主要从水量和水质的角度分析地下水系统的脆弱性。其中，水量主要表现为地下水系统输出要素中的地下水水位的变化和泉流量的减少，水质则体现了地下水各种物质浓度的变化。

（1）地下水位持续下降。

从20世纪50年代到2000年，平原区地下水补给量以每年0.156亿m^3的速度递减，而地下水开采量却以每年0.219亿m^3的速度递增。地下水的这种超补偿性开采，引发区域性地下水位大幅度下降，仅在1991—2000年间，武威盆地地下水位下降了4.67m，民勤盆地下降了6.30m，昌宁盆地下降了5.93m，引起当地水资源管理部门和诸多学者的关注。

人类对地下水的大规模开发利用所引起的区域地下水位持续下降和泉水资源大幅度减小，直接导致了植被生态体系的衰退。众多河流的干涸和河道迁移，使多年来沿河发育的林带及灌丛草场迅速退化乃至消失。荒漠植被主要依靠地下水维持其生长，有研究资料表明，内陆干旱区沙枣生长的最佳地下水位为3m，梭梭为3～5m，白柳为5m，白刺、沙拐枣为4m，当地下水位埋深超过最佳地下水位埋深后，土壤水分便会下降，植被因根系吸收不到水分而逐渐衰败，甚而死亡，进而导致土地沙化（范锡朋，1991）。民勤盆地由于地下水位的大幅度下降，20世纪50年代以来营造的8.7万hm^2人工沙枣林已经枯死60%；绿洲边缘的白刺和柳灌丛植被及人工梭梭林因地下水位埋深大于植被根系吸水深度而严重衰退，甚而死亡。植被的衰退，使沙丘活化，民勤湖区北部的沙丘以每年3～4m的速度推进，有30个村庄近9%的耕地被流沙压埋。

综上所述，地下水位的持续下降，一方面使地下水系统作为一种储量资源的功能降低，另一方面也降低了地下水的生态环境支撑功能。

（2）地下水质量恶化。

选用矿化度、总硬度、硫酸盐、硝酸盐以及氯化物作为评价因子，并采用综合指数法分别对石羊河流域平原区1996年和2000年的地下水质量进行评价，评价结果如图4.1和图4.2所示。从两图的对比情况可以看出，央河一带地下水由Ⅳ级向Ⅴ级转化，红崖山水库、重兴堡河蔡旗一带地下水由Ⅰ级转化为Ⅱ级，双城北部地下水质量由Ⅱ级转化为Ⅲ级。总体来说，石羊河流域平原区地下水质量在向恶化的方向发展。探其原因，主要是人类不合理的农业活动和水资源开发利用造成了地下水的污染，并引起了土壤次生盐渍化，以及地下水位的大幅度下降，从而增加了流域地下水的硝酸盐、氯化物和矿化度等指标的含量。

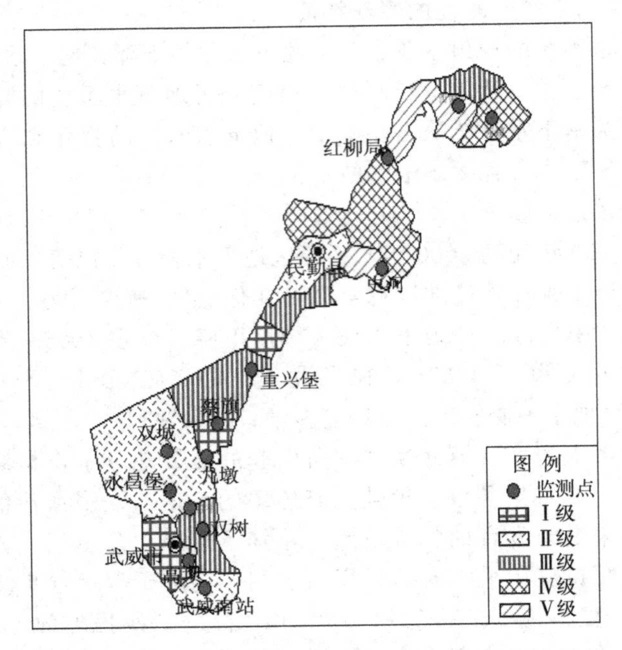

图 4.1　1996 年石羊河流域平原区地下水质量评价结果

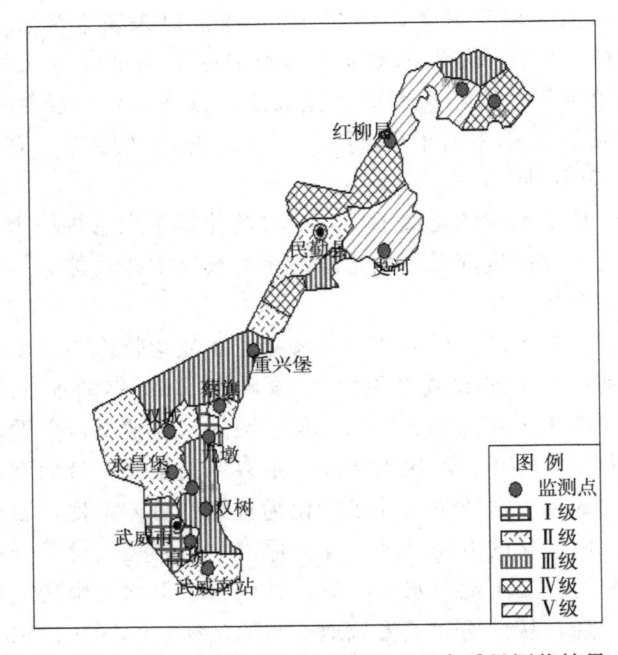

图 4.2　2000 年石羊河流域平原区地下水质量评价结果

4.3 地下水系统脆弱性影响机理研究

石羊河流域地下水系统与自然因素、人类活动以及生态环境的影响关系可用图4.3所示。石羊河流域为我国西北地区典型的内陆河流域，该区自然条件极为恶劣，降水量小而蒸发量大，除此之外，该区特殊的水循环系统也是造成该区地下水脆弱性的一个重要因素。内陆河流域独特的水循环系统决定了独特的生态系统，反过来，生态系统又维持着与其息息相关的水循环系统，两者相互依存、相互作用和相互发展。近几十年来，人类活动对水资源的开发利用极为显著地改变了地下水循环的条件，而地下水循环条件的改变无疑会引起生态系统的响应。合理有序的水资源开发利用会产生正的生态效应，而盲目无序的水资源开发利用就会导致负的生态效应；反过来讲，良性发展的生态环境会对水资源起到涵养和保护作用，而恶劣的生态环境会加速地下水资源的枯竭。因此，研究石羊河流域地下水系统的脆弱性机理，应该正确地分析自然因素、人类对水资源的开发利用活动的影响，还要考虑与地下水系统息息相关的生态系统的影响，不能把地下水系统的脆弱性归结于某一个方面。

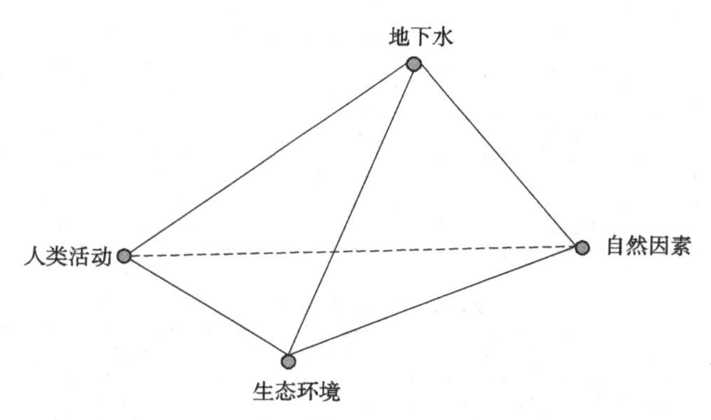

图4.3 流域地下水系统与各因素的相互关系

从图4.3中可以看出，在一个开放性的系统中，地下水作为核心与人类活动、生态环境、地表水发生紧密联系，而人类活动、地表水和生态环境之间又相互联系，进而影响到地下水系统。各因素间相互作用且紧密联系是石羊河流域地下水系统的典型特征。基于美国国家科学研究委员会将地下水脆弱性分为固有脆弱性和特殊脆弱性两类的思想，本研究认为石羊河流域地下水系统的脆弱性亦可分为固有脆弱性和特殊脆弱性。其中，由石羊河流域地下水系统本身的条件所导致的地下水系统的脆弱性称为固有脆弱性，由人类活动、生态环境等外部因素所导致的地下水系统的脆弱性称为特殊脆弱性。另外，地下水系统与各因素相互联系，地下水的脆弱性是各因素相互作用的结果，即地下水的脆弱性是其固有脆弱性和特殊脆弱性的综合表现。因此，绝对的划分地下水系统的固有脆弱性和特殊脆弱性也是不尽科学的。本研究将从自然因素、人为因素和生态环境因素3个方面分析石羊河流域地下水系统的脆弱性机理。

4.3.1　自然因素的影响

为了能全面客观地反映石羊河流域水文气象因素变化特征，既要结合流域水系分布情况，又要结合市、县区划和地形地貌等特征，分别选取了流域范围内民勤、武威和古浪等3个气象站，以及石羊河流域干流红崖山水库、南营、杂木寺、四嘴沟等9个水文站，作为代表性站点以分析该区域自然因素对地下水系统的影响。各个气象站及水文站基本情况见表4.1和表4.2（李洋，2008）。通过这些站点收集到的气温、降水、径流和蒸发等基础数据，还需要进行水文资料的三性审查，即可靠性、一致性和代表性审查，因为它们的准确程度直接影响研究结果的可靠程度。本研究所用数据均来自于甘肃省水文水资源局及石羊河流域管理局，确定、可信，可以作为对流域水文气象要素变化特征分析的依据。

表4.1　　气象站点基本信息

测站	经度（E）	纬度（N）	海拔/m	资料长度/年
民勤	103°83′	38°63′	1367.0	1959—2001
武威	102°61′	37°94′	1530.8	1959—2001
古浪	102°90′	37°48′	2072.4	1959—2001

表4.2　　水文站点基本信息

测　站	所在河流	经度（E）	纬度（N）	代表河长/km
红崖山水库	石羊河	102°54′	38°24′	14.5
沙沟寺西大河水库	西大河	101°23′	38°03′	33
皇城水库	东大河	101°53′	37°55′	47.4
九条岭四嘴沟	西营河	102°03′	37°52′	47.5
南营水库	金塔河	102°31′	37°48′	50
杂木寺	杂木河	102°34′	37°42′	60
黄羊河水库	黄羊河	102°43′	37°34′	45
古浪	古浪河	102°54′	37°27′	80
大靖河水库	大靖河	103°21′	37°23′	48

4.3.1.1 气温变化

石羊河流域因地处我国西北内陆干旱地区，降水量小、蒸发量大是其主要特征。过去50年来，在降水量和蒸发量基本保持波动幅度不大的情况下，流域内温度不断升高，出山径流量不断减小，使得原本就恶劣的自然条件愈加恶劣，从而对水资源系统和生态环境都产生了明显的影响。

通过对3个代表站1959—2001年平均气温变化进行分析（表4.3），可以看出，民勤、武威和古浪的气温变化均呈现显著或极显著的上升趋势。线性倾向率分别为0.36℃/10a、0.20℃/10a、0.27℃/10a，即，在研究期间石羊河流域这3个地区分别增温1.55℃、0.86℃和1.16℃。气温升高将会影响水面和陆面的蒸腾蒸发过程，改变水循环要素及其过程，从而对地表水及地下水产生极大影响。

表4.3　3个代表站1959—2001年平均气温变化分析结果

地　区	民　勤	武　威	古　浪
多年平均气温/℃	8.3	7.9	5.1
线性回归方程	$y=0.0356x+7.4666$	$y=0.0202x+7.4558$	$y=0.027x+4.5319$
趋势性	上升	上升	上升
相关系数 r	0.643	0.390	0.546
显著性	极显著	显著	极显著

4.3.1.2 蒸发量变化

选取石羊河流域1960—2005年的蒸发皿监测数据以分析过去46年间流域蒸发量变化，表4.4为石羊河流域季节及年际蒸发量统计。Kendall秩次相关法（Hirsch等，1982）检验显示，流域内民勤蒸发量没有明显的趋势性变化，武威蒸发量在过去近50年呈现显著减少趋势，而古浪地区呈现增加趋势但不显著。流域多年平均蒸发量为2240.3mm，较高的蒸发量使得有限的降水还未来得及转化为地表径流或者入渗补给地下水便转化为无效蒸发，更对地下水的补给带来不利影响。有研究表明（马鹏里等，2006），农作物需水量与种植区的气候类型关系十分密切，从干旱—半干旱—半湿润—湿润地区，其需水量呈现减少趋势，越是干旱的地区农作物需水量越大，越是湿润的地区，作物需水量越小。流域所辖民勤、古浪均为农业县，极低的降水量不能满足作物需求，加之近几十年来，农业灌溉面积不断增大，因此，在节水灌溉技术不能普及的情况下，开采地下水以满足农业需求便成了唯一的解决方法。

表4.4　石羊河流域季节及年际蒸发量统计

时期	均值/mm	回归方程	线性倾向率/(mm/10a)
春季	729.8	$y=-2.3028x+783.87$	−23.0
夏季	912.7	$y=-5.4774x+1041.4$	−54.8
秋季	426.2	$y=-0.4608x+437.04$	−4.6
冬季	171.6	$y=0.1018x+169.23$	1.0
1960—2005年	2240.3	$y=-8.1391x+2431.6$	−81.4

4.3.1.3　降水量变化

分别选取民勤1953—2003年、武威1956—2003年、古浪1959—2005年期间年际降水量进行趋势性分析，结果如图4.4～图4.6所示。这3个地区的多年平均降水量分别为111.6mm、162.7mm和357.3mm。采用距平百分率进行的不同年代丰枯情况分析表明：民勤降水量在1971—1980年代呈现偏丰状态，其余年代均呈现平水或偏枯情况；武威和古浪地区降水量在过去近50年主要呈现平水年，但武威略呈增加趋势。进一步采用Kendall秩次相关法进行年际变化趋势性检验，这3个地区降水量变化趋势性并不显著，其中古浪和民勤丰枯变化幅度较大。极低的降水量使得降水对地下水的补给非常小（石羊河流域地下水的补给仅有0～15%来自于降水凝结水等天然补给）。极少的降水量使得当地植物及农作物无法靠其生存，加之地表径流越来越少，因此，大规模地开发利用地下水不可避免，并通过改变流域的下垫面条件，改变了降水对地下水的入渗补给路径，从而也使得降水对地下水的入渗补给不断减少。

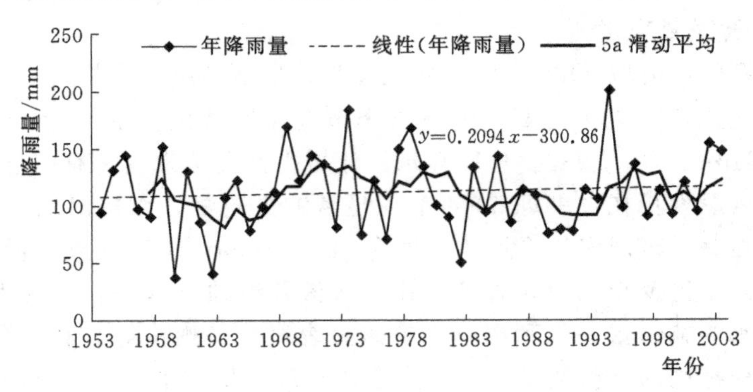

图4.4　民勤1953—2003年间降水量变化趋势

4.3.1.4　径流量变化

石羊河水系可分为西大河系统、六河系统、大靖河系统，不同的系统有不同的径流特征（刘蕊蕊和魏晓妹，2010）。南部祁连山区地势高寒，降水较多，气温低，蒸发弱，有冰川积雪，有利于径流形成，径流量随集水面积的增大而

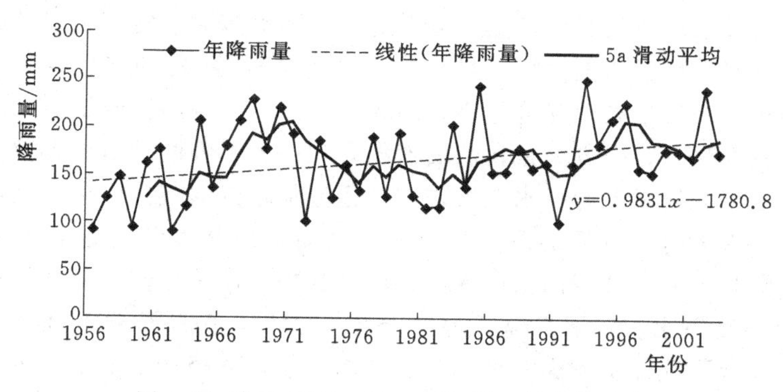

图 4.5 武威 1956—2003 年间降水量变化趋势

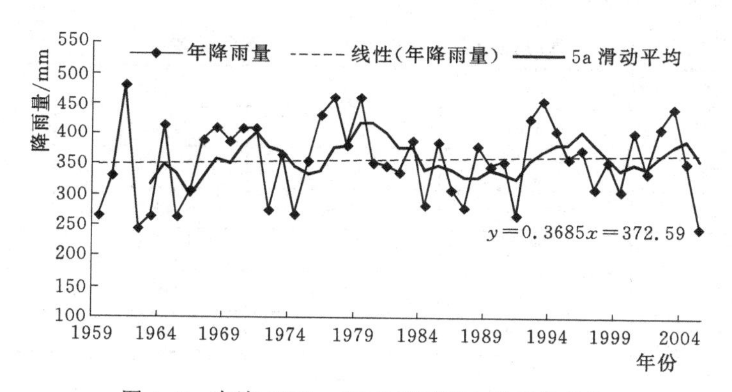

图 4.6 古浪 1959—2005 年间降水量变化趋势

增加，在出山口达到最高值，该区为径流形成区。河流出山口后，在山前洪积平原，中游武威绿洲农业区及下游民勤绿洲沿途引用、蒸发、下渗，最终消失，为径流失散区（高学军和赵昌瑞，2003）。

选取近出山口处的 9 个水文站（表 4.2）1961—2000 年间的径流资料进行分析。20 世纪 60—80 年代流域内各站径流量在较小的范围内波动，基本处于稳定状态，红崖山水库和黄羊河水库的径流量则呈现大幅下降趋势，下降幅度分别为 42%和 15%；80—90 年代径流量呈平稳或略有增加的趋势，但红崖山水库仍为明显下降趋势，下降幅度 33%；从 90 年代以后，几乎各站径流量均有减少，其中西营河上四沟嘴站的下降幅度高达 28%，仅大靖峡水库略有增长，为 7%（李洋等，2007）。

同样采用 Kendall 秩次相关法分析各站径流趋势性，并选取 95%的置信度，此时显著水平 $\alpha=0.05$，m 的临界检验值为 ±1.96。从表 4.5 可以看出，流域的径流量表现为不同程度的减少，除西大河与大靖河外其余六河径流量减少程度均很显著，其中又以红崖山水库为最，其 Kendall 标准化变量值达 −8.408。有资料表明（康尔泗等，1999）影响干旱内陆河流域出山径流的气候因子主要为降水、气温和蒸发量。概括地说，降水多，蒸发少，则径流多，反之则少。根据流域的气温、降水量和蒸发量的分析可知，近50年来流域气温呈增高趋势，蒸发量高而降水量小，因此减少了出山口的径流量。红崖山水库入库径流量的减少，一方面是自然因素的影响；另一方面是由于上游大规模地兴建水利工程，使得上游拦水能力增加。径流量减少的直接后果是当地表径流不足以满足人类对水资源的巨大需求时，大规模地开发利用地下水便在所难免。以民勤县为例，红崖山水库入库径流量的减少使得人们大量开发利用地下水，2000年地下水位年下降幅度达0.6m，并引发了一系列生态环境问题，从而在量上降低了地下水作为一种储量资源的功能，并降低了地下水系统的生态环境的维持支撑功能。

表4.5　流域径流量Kendall秩次相关法分析表

站　名	河流	m	趋势	显著性
红崖山水库	石羊河	−8.408	减少	极显著
黄羊河水库	黄羊河	−2.965	减少	显著
杂木寺	杂木河	−3.387	减少	极显著
南营	金塔河	−2.9	减少	显著
四沟嘴	西营河	−4.28	减少	极显著
古浪	古浪河	−2.3	减少	显著
沙沟寺	东大河	−2.88	减少	显著
插剑门	西大河	−0.2	减少	不显著
大靖峡水库	大靖河	−0.98	减少	不显著

4.3.1.5　流域特殊的水文地质构造

流域特殊的水文地质构造使得地表水与地下水在各带相互重复转化，形成了独具特色的河流-含水层系统。在此系统内，无论是天然条件下，还是人为因素干扰，河水、地下水的水盐动态均衡状况均会产生强烈的相互影响；无论是引用河水还是开采地下水，都不可避免地产生可能波及整个流域的（河系）的区域水文效应，引起大范围内地下水补排条件的变化。因此，在这种水文地质条件下，径流量的减少和近几十年来人类对地表水和地下水大规模的开发利用对流域内水文循环系统的影响就更加显著。人类对水资源的不合理开发利用使得这种水文循环呈现一种恶性循环，并在地下水的形成、补给和排泄方面直接对地下水系统的脆弱性形成了一种负影响，使其功能衰减。

综上所述，不管是流域不利的气候条件还是特殊的水文地质构造均加剧了地下水的固有脆弱性和特殊脆弱性。恶劣的气候条件及其变化使得石羊河流域出山径流减少，极低的降水量和极高的蒸发量使得作物需水量增大和地表水对地下水的入渗减少。而地表水对地下水极低的补给直接从量上导致了地下水作为一种储量资源功能的衰减。径流的减少和作物需水量的增大使得当地表水不能满足人类对水资源的需求时，人们通过开发利用地下水来满足生产需求，当开发演变为无序开发时，便会导致地下水系统功能的衰减。因此，该流域不利的气候条件在地下水入渗方面直接地影响着地下水的固有脆弱性，并通过对径流、农业的影响，进而促使人类对地下水的开发利用来间接地影响地下水的特殊脆弱性。

4.3.2 人为因素的影响

一方面，人类通过对资源的开发获得物质和环境建设来改善生态环境；另一方面，资源和环境又以自身的质量、数量分布制约人类的生存发展，形成彼此共生、相互关联的关系，自始至终处于动态平衡之中，而人类活动则处于这种关系的主导地位。如果人类活动与资源环境承载能力及再生能力协调，则地下水系统与其周围的环境处于良性演替；如果人类不合理开发利用，地下水系统将会逆向演替，并将导致地下水系统脆弱性的加剧。

4.3.2.1 土地资源的不合理开发利用

干旱地区的水资源特性决定了地下水通常是干旱地区最重要的水源和最佳的供水选择，地下水资源往往成为维持干旱区生命绿洲，尤其是沙漠-荒漠地区社会经济发展的首要因素（冯起等，1998）。从世界范围来看，地下水资源在解决干旱区缺水问题时起到了不可替代的主导作用，科学的论证和有效的管理是开发利用好干旱区地下水资源的时要保证和必要前提，其中正确判断人类活动对地下水系统影响是制定区域地下水合理利用规划的关键（马金珠和高前兆，1997）。以往对干旱区地下水系统影响的人为因素分析，主要集中在对地下水开采利用的强度与合理性方面，忽略了土地利用变化对流域地下水系统的影响。实际上，作为区域水文循环的重要环节，地下水系统对流域土地利用与覆被变化具有强烈的响应。资料表明，石羊河流域近15年来的土地利用与覆被变化十分强烈，其显著标志是以灌溉耕地急剧增加带动的人工绿洲系统的扩张和天然草地减少及以原有河道的大量废弃为代表的天然绿洲体系的萎缩，这种变化将驱动整个水资源系统的时空分布发生根本变化，并对地下水资源系统的补给、径流和排泄产生较大影响（王根绪等，2006）。

近几十年来，流域灌溉耕地主要在盆地冲洪积扇中下部以及沿河两岸河谷地带扩展，是在原来绿洲的基础上向外围延伸。大量分布于山前洪积扇上部的河道以及冲洪积扇下部的散乱河道演变为耕地或裸岩土地。这种土地利用变化，尤其是灌溉绿洲的发展和空间变化，主要是通过土地利用面积的变化影响对地下水的入渗补给，并驱动地表水循环和地表水系统的空间分布发生改变，进而对地下水系统产生影响。

土地利用对地下水排泄系统最直接的影响因素主要是潜水蒸散发，由于潜水蒸散发主要发生在水位埋深小于 10m 的地带，在这些区域原来较低覆盖度草地（如荒漠化草原）以及半固定、固定沙丘和荒漠的减少，使得潜水蒸散发变得强烈。

除此之外，土地利用方式的变化也可直接导致水资源利用方式和强度的改变，如灌溉面积不合理的增长，主要靠过度抽取地下水来灌溉，从而导致地下水位下降，形成降落漏斗，同时加速地下水与地表水体之间的水量交换。水利工程建设，可直接破坏流域的连续性，导致流域水循环短路化、绝缘化及生态系统的孤立化，紊乱生态格局，而生态景观中的植被可以在多个层次上影响降水、径流、蒸发和入渗，从而对水资源进行重新分配（张勃等，2005；章光新，2006）。除此之外，随着流域人口的增长和社会经济的发展，工业废水和城镇生活污水排放量不断增加，城市排水设备和污水处理设备却显得不足与落后，以致大量废水和有害物质直接或间接排入石羊河，造成地表水质污染，污染的地表水随着河渠渗漏进入无压水层或者从水文上与地下水有关的污染河流河水入渗地下水（刘少玉等，2002）。

综上所述，因地制宜地利用土地资源和建立农林牧合理用地结构，是建立良好生态环境的中心环节。然而在人类利用资源过程中，却总是存在着不合理利用，土地的过度垦殖往往导致生态环境的脆弱，而生态环境作为与地下水系统紧密相关的因素，又将进一步加剧地下水系统的脆弱性。人类对土地资源的不合理开发利用通过影响地下水的补给水量和水质，导致地下水系统循环发生改变、地下水质量恶化，并通过生态环境影响加剧了地下水系统的脆弱性。

4.3.2.2　水资源的不合理开发利用

（1）地表水与地下水转化条件的变化。

对于石羊河流域来讲，其独特的水循环系统主要是指地下水与地表水之间频繁的转化关系。这种频繁的转化，一方面为绿洲农业的可持续发展提供了宝贵的水资源；但是，另一方面，这种频繁的转化加剧了人类活动对地下水系统的干扰，减少了地下水的入渗补给，增加了地下水系统的脆弱性。

“灌溉农业，绿洲经济”是干旱区内陆流域经济发展和生态环境的重要特征，石羊河流域中游流经走廊平地，形成武威和永昌等绿洲，下游是民勤绿洲，流域内灌溉农业发达，绿洲农业发展对水资源的开发利用，加强了人为因素对地下水循环条件的干预，从而加剧了外部环境对地下水系统的影响。石羊河流域基于绿洲农业开发的地表水与地下水相互转化关系如图 4.7 所示，山区水库的修建、天然河道渠网化，不仅改变了出山径流的时程分配，也使河道渗漏补给量减少；绿洲农业发展使作物生产力提高，既增加了非回归性耗水量，也使地表水转化为地下水的数量减少；中游盆地地下水补给量的减少和开采量的增加，使冲洪积扇前缘地带泉水溢出量减少，进而使平原区水库的径流量减少。这些人为因素改变了自然条件下的两水转化关系，打破了自然界的水盐均衡。这种改变，在使人工绿洲不断扩大的同时，也由于水资源的不合理开发利用造就了土壤次生盐渍化及流域下游的荒漠化和沙漠化。

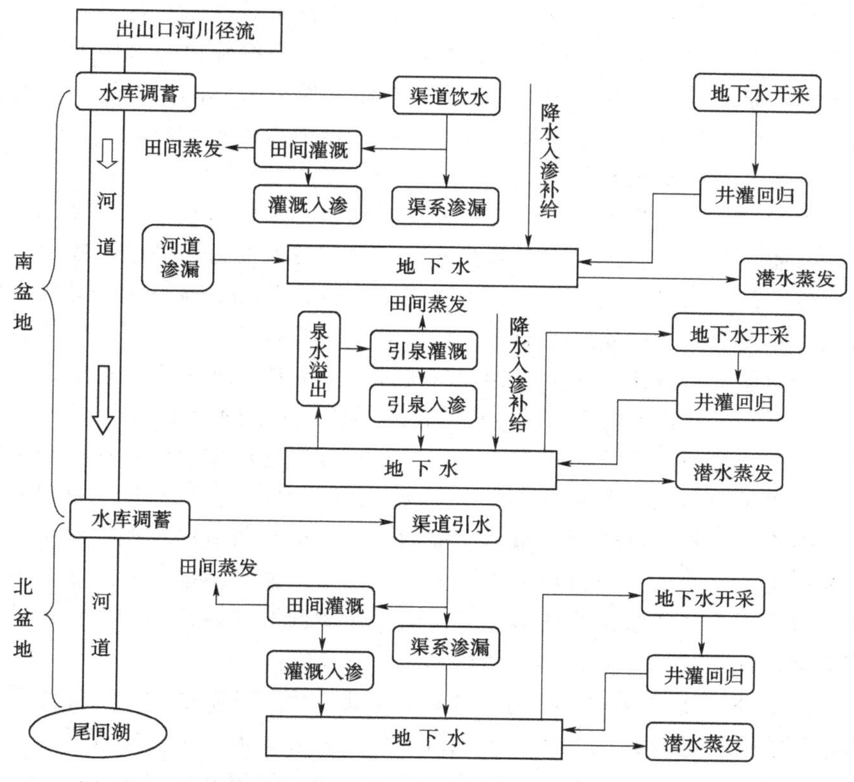

图 4.7 石羊河流域基于绿洲农业开发的地表水与地下水转化关系

(2) 地表水和地下水补给量减少，地下水开采量过大。

流域水土资源开发利用活动的加强，使大量的山水被引入更多的灌区，使原有的地表水地下水于出山口处的下渗转化带遭到严重破坏，地表水来不及在出山口处下渗，就被引入各河流出山口水库或中游灌区，加上各灌区的高标准渠系衬砌，阻碍了地表水地下水之间的转化，非回归性用水逐年增加，地下水补给量逐渐减少。石羊河流域平原区 20 世纪 50 年代地下水年补给量为 15.87 亿 m^3，90 年代则已经下降了近 1/2，降至 7.25 亿 m^3。地下水资源量的减少导致中游泉水溢出带的泉水溢出量减少，部分泉水甚至枯竭，使原有的井泉灌区逐渐演变为纯井灌区，为保证灌区的灌溉水量，大量开发已经失去补给来源的地下水。据估算，2000年武威市凉州区的地下水超采率为53%，而民勤县为149%。地下水超采致使地下水水位迅速下降，破坏了地表水地下水于冲洪积扇边缘的泉水溢出转化带，该转化带的泉水流量已经由20世纪60年代末期的3.92亿m^3下降到1999年的1.04亿m^3，削减幅度为73.5%。下游民勤盆地缺乏上游地表水水源，广大的灌溉面积所需水源越来越依赖于地下水的超采，其水位已经下降到严重威胁民勤人民正常生活的程度。

综上所述，地下水严重的补排失衡使得地下水系统输出要素中的地下水位急剧下降，泉流量大幅度削减。而地下水位的大幅度下降降低了地下水的资源储量功能和生态环境的支撑功能，从而加剧了地下水的脆弱性。

(3) 地下水体污染及盐化。

石羊河流域各支流出山口以上，人类活动弱，水体基本未受污染，属天然状况，水质良好。各支流出山口到武威市以北的白疙瘩为污染区，武威市工业废水和生活污水大量排入，使地表水体受到污染，并进而通过入渗对地下水造成污染。除此之外，随着农业面积的增大，有机肥料的大范围使用使得地下水体中的硝酸盐含量也迅速增大。伴随着水体污染和地下水的大量抽取，下游民勤盆地地下水矿化度以每年0.1g/L的速度增长，水质不断恶化。根据中国科学研究院兰州地质研究所史基安等（1998）对石羊河流域武威盆地北和民勤盆地南、北等不同地区地下水位下降幅度与矿化度变化的相关分析，发现矿化度变化量随着地下水下降幅度的增大而增大，二者存在明显的正相关关系；该研究认为，近些年来石羊河流域地下水的过度开采，使下游地区特别是沙漠边缘地带，地下水化学类型由重碳酸盐型向硫酸盐型甚至向氯化物型演化，矿化度显著增高，地下水水质恶化趋势明显。

除此之外，流域内从上游到下游，土壤盐渍化程度不断加重。除强烈的蒸发作用使盐分在地表累积，从而形成盐渍化土地外，流域内反复开采日益盐化的地下水进行灌溉，再加上部分土地弃耕后，强烈的蒸发作用使盐分沿毛细管上升于地表，导致土壤地表积盐，进而形成次生盐渍化。根据甘肃省治沙研究所监测资料，仅1998—2003年的5年期间，民勤绿洲盐渍化程度由中轻度向重度发展，土地盐渍化程度在加剧。

综上，人类活动主要通过不合理的土地开发利用以及对地下水资源的过度开发造成了地下水水质恶化，水量锐减，地下水位大幅度下降等，并进而导致了一系列的生态环境问题方面，使得地下水储存、传输、调蓄地下水量的功能和生态环境支撑功能衰退，加剧了地下水系统的特殊脆弱性。

4.3.3　生态环境因素影响

干旱区内陆河流域的生态系统具有明显的脆弱性，生态环境的抗干扰能力极弱小。一般分布有3种主要的生态系统，即天然绿洲生态系统、人工绿洲生态系统和荒漠生态系统。三类生态系统相互依存，构成一个独特的干旱区内陆河流域生态系统。其主要特点表现为系统内部自然要素数量少，种群结构简单，种属联系性差，植被稀少，且荒漠生态系统占主导地位，自然恢复能力极低，不可逆性很强。天然绿洲生态系统对地下水的依赖性很强，地下水资源的量、质、时空分布以及地下水的开发利用方式和强度都强烈地影响着整个绿洲的生态系统生物种群的数量、分布面积及演化方向。生态系统内部各要素都通过水环境、植被环境和土壤环境的变化对地下水系统产生作用。如绿洲生态系统植被的衰败造成了沙丘活化、土地沙化，从而降低了地下水系统的生态环境支撑功能；地下水的污染和盐化进一步降低了地下水资源作为一种储量资源的可利用价值，使地下水系统的功能衰减。

石羊河流域降水稀少，蒸发强烈，很大程度上影响着生态环境的变化。石羊河流域是一个以地表径流与地下径流为纽带，上、中、下游相互依存，水、土、光、热等自然资源和环境要素相互联系的内陆河流域生态系统。地下水是流域生态环境中最活跃的因素，它通过循环使地下水系统与自然环境诸要素发生联系，生态环境通过水环境、植被环境和土壤环境的变化对地下水系统产生作用。如流域地下水的污染和盐化降低了地下水资源的可利用价值，使地下水系统的功能衰减。

综上，石羊河流域地下水系统的脆弱性是自然因素、人为因素和生态环境因素共同作用的结果。其中，人类活动影响下的地下水和生态环境互为因果的恶性循环关系在使生态环境恶化的同时，也在水质和水量方面加剧了地下水系统功能的衰退。

第5章　石羊河流域地下水系统脆弱性评价指标体系

前已述及，影响石羊河流域地下水脆弱性的因素主要包括自然因素、人为因素和生态环境因素3个方面，各个因素之间又相互影响，存在着密切的关系。因此，对评价指标体系的研究必须充分考虑各个因素之间的相互关系（师彦武，2000）。评价指标是度量石羊河流域地下水脆弱性的参数，也是评价的基本尺度和衡量基准。指标体系是综合评价的根本条件和理论基础，它的构建成功与否决定了评价结果的科学性和客观性。由于流域内各影响因素间既有相互作用，又有相互间的输入和输出，某些元素及某些子系统的改变可能导致整个系统的变化，因此，在众多指标中应尽可能选择那些最灵敏、便于度量且内涵丰富的主导性指标作为评价指标。指标选取过程中，既要综合考虑，又要区别对待。一方面要综合考虑评价指标的科学性、完备性和独立性，不能仅凭借某一个原则决定指标的取舍；另一方面由于各项原则各具特殊性，还有目前人们认识上的差距，对各项原则的衡量方法和精度，不能强求一致，要灵活应用。

5.1　评价指标的选取与分析

本研究从地下水系统的输入、地下水系统实体和输出的角度出发，并综合考虑地下水系统的功能和脆弱性机理，即自然因素、人为因素和生态环境因素对地下水系统功能的影响选取评价指标。在选取评价指标的基础上，充分利用GIS软件提取各类图像的有用属性信息，并结合数据资料得到各评价因子分区图。

5.1.1　降水量

降水入渗补给量作为非可控的输入因子，从自然环境方面影响着地下水系统的脆弱性。石羊河流域地处我国西北干旱内陆区，降水量少，因此，对地下水的补给少，使地下水系统的资源储量功能不能得到及时的修补，加强了地下水系统的固有脆弱性。

总体来说，研究区域由南至北，降水量不断减少。大部分区域降水量为100～150mm，只有小部分区域降水量为150～200mm。其中，民勤盆地降水量为 100～130mm 之间，武威盆地降水量多在 130～150mm 之间，小部分地区降水量介于 150～200mm 之间。降水量年内分配极不均匀，其特点是汛期降水量大而集中，汛期内连续最大 4 个月降水多集中在 6—9 月，占全年的 65%～75%；冬春两季干燥少雨，连续最枯 4 个月降水量（11 月至次年 2 月）只占到年降水量的 3%～6%。

5.1.2 地下水补给强度

地下水补给强度作为地下水系统的输入因子，从量上反映了地下水系统的综合补给能力并影响地下水系统的稳定性。补给强度越大，则地下水系统越容易保持和发挥其储存、调蓄地下水量的功能。石羊河流域 2000 年地下水入渗补给模数如图 5.1 所示。可以看出，民勤盆地南部红崖山水库地下水入渗补给

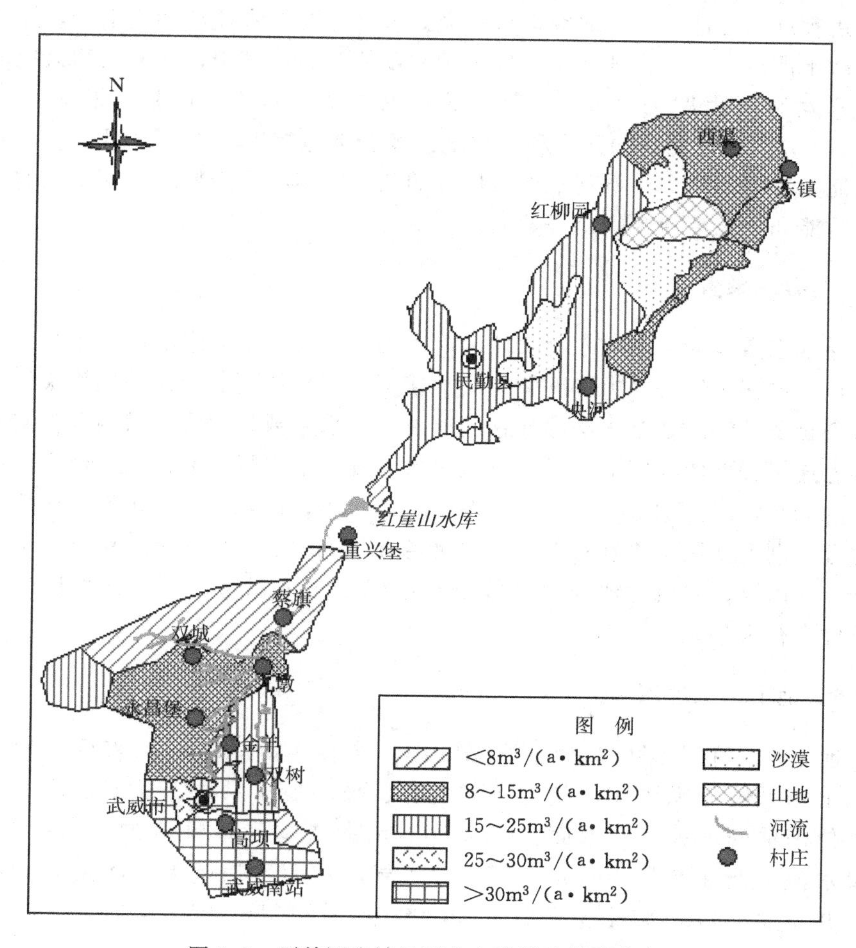

图 5.1 石羊河流域地下水入渗补给模数分布

模数小于 $8m^3/(a \cdot km^2)$，中部坝区灌区及泉山灌区入渗补给系数为 $15 \sim 25m^3/(a \cdot km^2)$，北部湖区灌区为 $8 \sim 15m^3/(a \cdot km^2)$。武威盆地南部杂木、金塔灌区地下水入渗补给模数大于 $30m^3/(a \cdot km^2)$，而北部环河灌区地下水入渗补给模数小于 $8m^3/(a \cdot km^2)$。总体来说，武威盆地地下水补给系数由南至北呈逐渐减小的趋势。

5.1.3 地下水开发利用程度

地下水开发利用程度作为地下水系统的输入因子，反映了地下水的实际开采量与地下水可开采量之间的比值。地下水开采量越大，含水层的污染物因浓缩效应，其浓度越大，污染物在含水层内的混合越快，则相应地地下水系统溶解与搬运水化学成分的功能降低，并相应地降低了地下水作为一种储量资源的可利用程度。因此，对于研究区域来说，该区主要是农业活动集中区，加之资源型缺水严重，因此，地下水开发利用程度非常高。其中，北部民勤盆地的地下水开发利用程度为245%，南部武威盆地为153%，分别超采地下水达145%和53%。如此高的开采利用程度已经严重地超出了地下水可承载的开发利用能力，因此产生一系列地下水环境的负效应问题并降低地下水系统的资源储量功能和生态环境支撑是必然的。

5.1.4 导水系数

导水系数作为地下水系统实体的一个因子，反映了含水层的导水性能，控制着地下水在一定的水力梯度下的流动速率和流量，而水的流动速率决定了各种污染物及其溶质在含水层内迁移的速率。导水系数是由含水层内孔隙空间的大小和连接程度所决定的。导水系数越大，则地下水越容易污染。研究区导水系数的分布情况如图5.2所示。从图中可以看出，民勤盆地泉山灌区红柳园北部附近、湖区灌区西渠和东镇一带导水系数在 $600 \sim 800m^2/d$，其余地区均在 $800m^2/d$ 以上；武威盆地导水系数全都在 $800m^2/d$ 以上，这与该地区水文地质条件有很大关系。

5.1.5 地下水位埋深

地下水位的埋深作为地下水系统的一个输出因子从结果表现方面反映了地下水系统的脆弱性。随着地下水的超采，地下水位埋深不断增大。地下水位埋深的增大，一方面，开采地下水的成本和代价增加；另一方面，入渗水流不能在有限的时间内到达含水层，从而增加了无效蒸发和侧向补给，并减少了地表水对地下水的入渗补给。研究区2000年地下水位的埋深如图5.3所示。

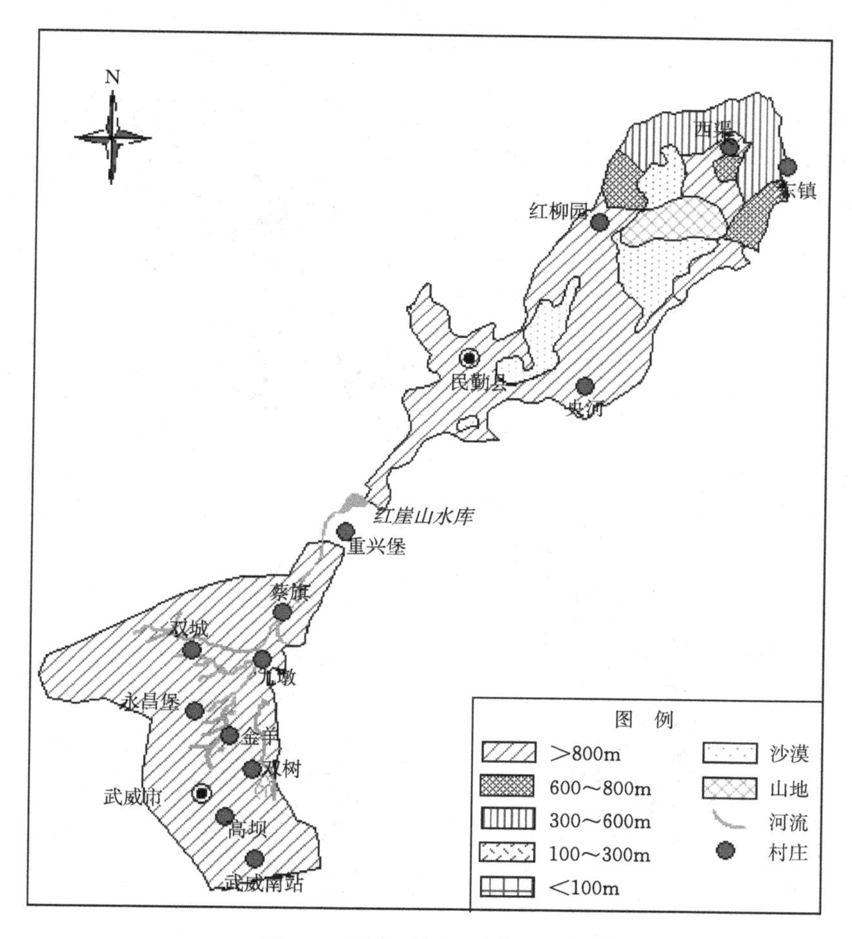

图 5.2 研究区导水系数分布图

可以看出，民勤盆地大部分区域，包括坝区灌区的南部和北部，央河灌区、泉山灌区的北部和湖区灌区地下水位埋深均在 8～20m；而在以民勤县为中心的坝区中部和泉山灌区的大部，地下水位埋深在 20～30m，红崖山水库附近地下水位相对降低，小于 8m。武威盆地地下水位埋深随空间变化差异性较大。南部金塔灌区、杂木灌区的部分区域地下水位埋深大于 40m，中部和南部地下水位埋深为 8～20m，北部环河灌区地下水位埋深相对较低，小于 8m，但是武威盆地西部西营灌区地下水位埋深大于 40m。

5.1.6 年地下水位下降幅度

地下水位年降幅度是地下水系统的主要输出因子，也是人类活动对地下水

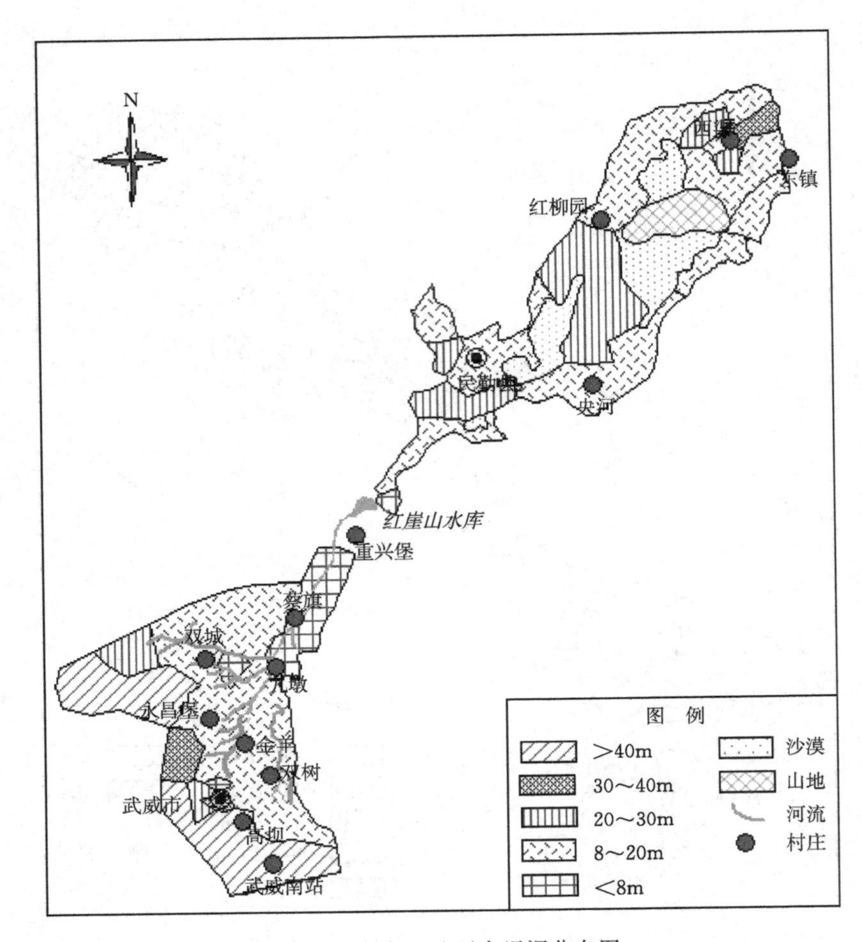

图 5.3　研究区地下水埋深分布图

系统功能影响的集中体现。一方面，随着地下水位的下降，地下水储量减少，其储存、调蓄地下水量的功能衰减；另一方面，地下水位的下降使植被因根系吸收不到水分而衰败，甚而死亡，从而导致其维持支撑生态环境的功能衰减。除此之外，地下水位的下降，使地下水埋深变深，则污染物到达含水层的时间变长，污染物稀释的机会减少，加剧了水质的污染，使地下水系统溶解与搬运水化学成分的功能衰减。研究区 2000 年地下水位下降幅度示意图如图 5.4 所示。

民勤盆地大部分区域年地下水位下降幅度均大于 6m，只有在央河及民勤县中心极小的区域年地下水位下降幅度小于 0.15m，及在红柳园和东镇附近的小部分区域下降幅度介于 0.3～0.45m。武威盆地北部重兴堡、西部和南部武

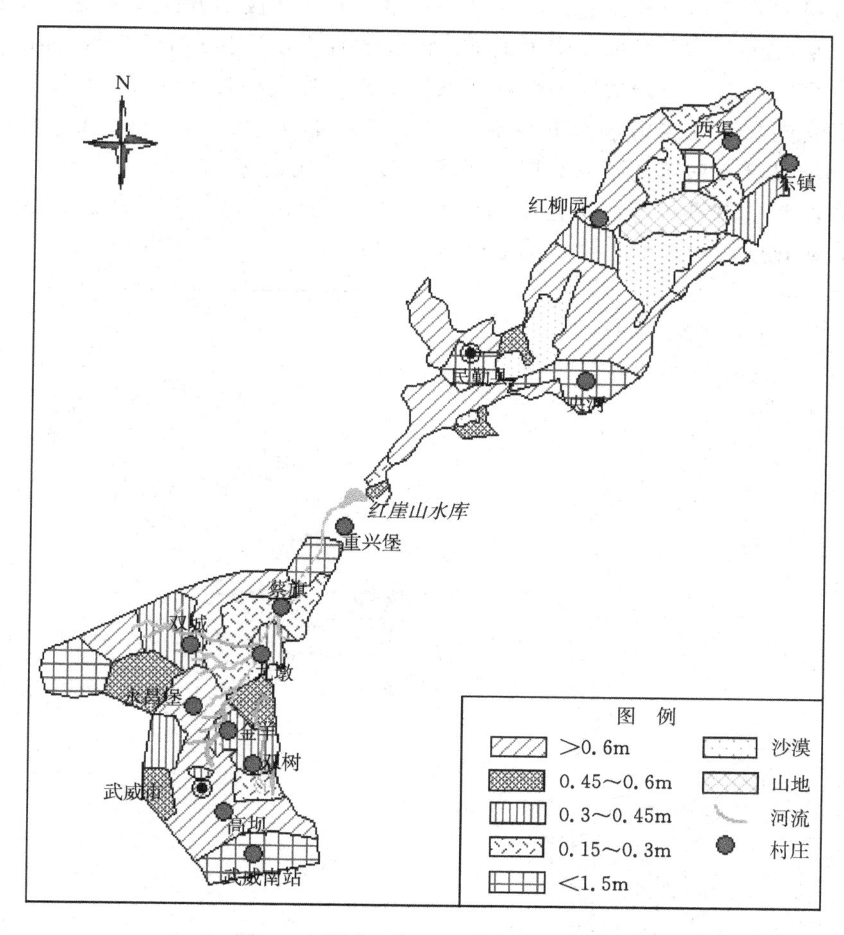

图 5.4　研究区年地下水位下降幅度

威南一带，地下水下降幅度较小，小于0.15m；凉州区及双城北部等地，地下水位下降幅度较大，大于0.6m；九墩、永昌西部一带地下水位埋深介于0.3～0.6m。总体来说，武威盆地地下水位年下降幅度随空间变化差异性较大。

5.1.7　矿化度

矿化度作为地下水系统输出因子中的地下水物质浓度中的一种，主要从水质方面反映了地下水的脆弱性。对于矿化度来说，不同种属的植物对潜水矿化度有各自最佳的适应范围，超出此范围就会衰败（崔亚莉等，2001）。植被是绿洲生态环境最主要的支撑，因此，地下水矿化度越高，地下水系统维持支撑生态环境的功能越容易衰退。除此之外，地下水矿化度的升高使得地下水水质恶化，从而在水质方面也加剧了地下水的脆弱性。研究区矿化度分区如图5.5所示。可以看出，民勤盆地大部分区域地下水矿化度均在2000mg/L以上，仅在民勤县南部及红崖山水库等少部分区域矿化度为500～2000mg/L。武威盆地北部重兴堡及东部九墩—双树—高坝一带，矿化度为1000～2000mg/L；蔡旗—双城和永昌堡一带，矿化度为500～1000mg/L；其余部分如凉州区及武威南，矿化度相对较低，主要为300～500mg/L。

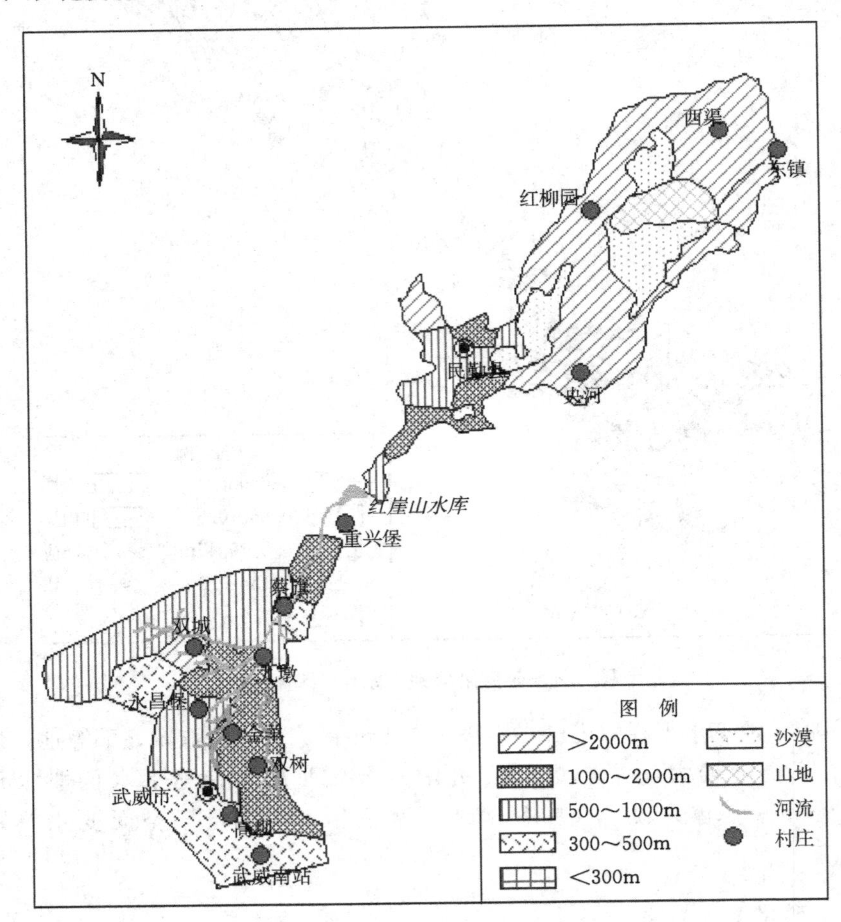

图5.5　研究区矿化度分区示意图

5.1.8　硝酸盐和总硬度

硝酸盐和总硬度作为地下水系统输出因子中的地下水物质浓度的体现，主要从水质方面反映了地下水系统的脆弱性。石羊河流域平原区地下水系统的

NO_3^-增加的主要原因是近20年来随着农业的迅速发展，有机肥料的大面积使用。硝酸盐和总硬度分区图分别如图5.6和图5.7所示。从图5.6可以看出，研究区除民勤盆地的西渠，武威盆地的金羊—凉州区一带分布有小面积的50～150mg/L的硝酸盐之外，其余地区的硝酸盐含量均小于50mg/L，符合饮用水标准。从图5.7可以看出，民勤盆地除民勤县城中心及红崖山水库的小部分区域，总硬度在300～450mg/L外，其余区域全大于550mg/L。武威盆地总硬度分布随空间变化较大。北部重兴堡和永昌堡一带，总硬度为450～550mg/L；东部九墩—金羊—双树一带总硬度大于550mg/L；西部地区槐安一带及南部武威南地区，矿化度为150～300mg/L；西北部水源—朱王堡一带，矿化度为300～450mg/L。

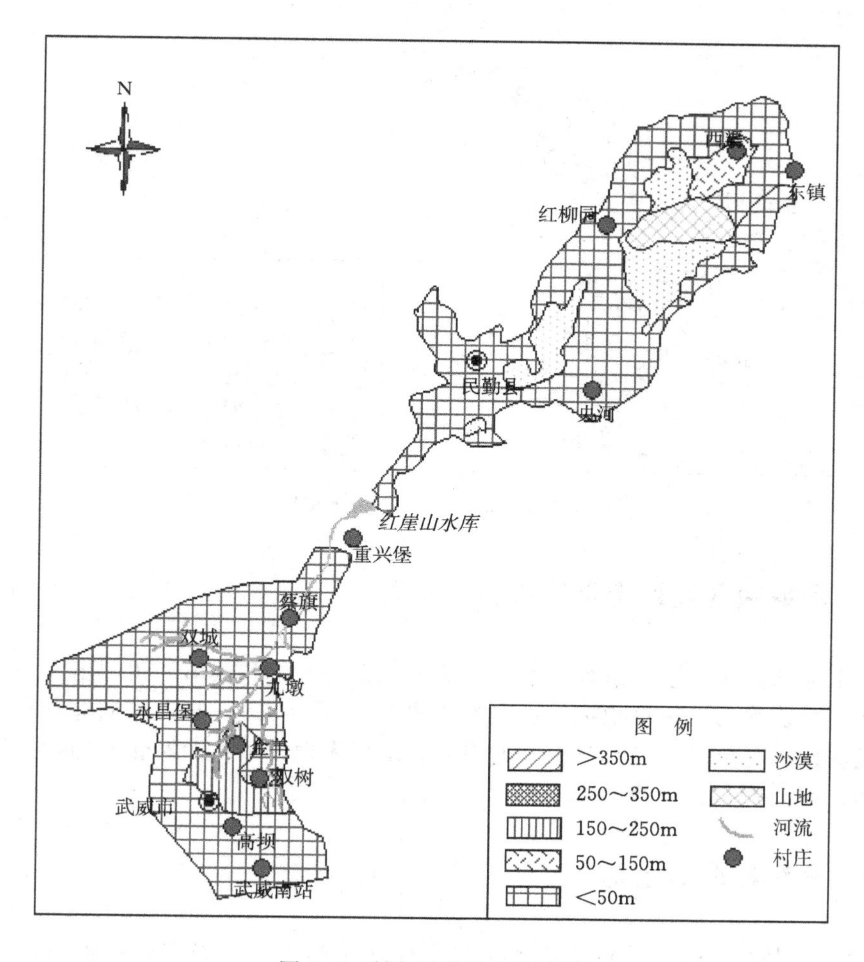

图5.6 研究区硝酸盐分区图

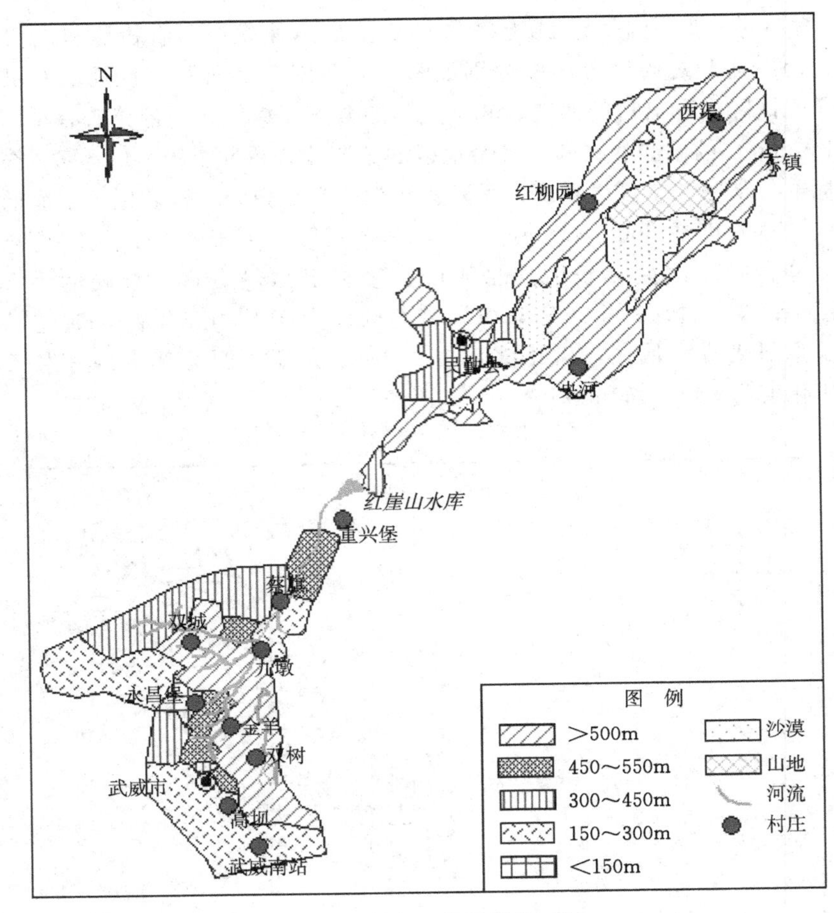

图 5.7　研究区总硬度分区图

5.2　流域脆弱性评价指标体系的分类

上述从流域地下水系统的输入、地下水系统实体和输出的角度出发分析了地下水系统脆弱性评价指标，现归纳如图 5.8 所示。进一步地，从地下水系统的脆弱性机理出发，以及直接影响因子和结果表现因子方面对脆弱性指标加以分类，可分别归纳如图 5.9 和图 5.10 所示。

5.3　分级标准的建立

迄今为之，国内外对于地下水脆弱性评价尚无一个界定规范的标准，加之石羊河流域地处干旱内陆区，所选指标与湿润半湿润地区指标不同。因

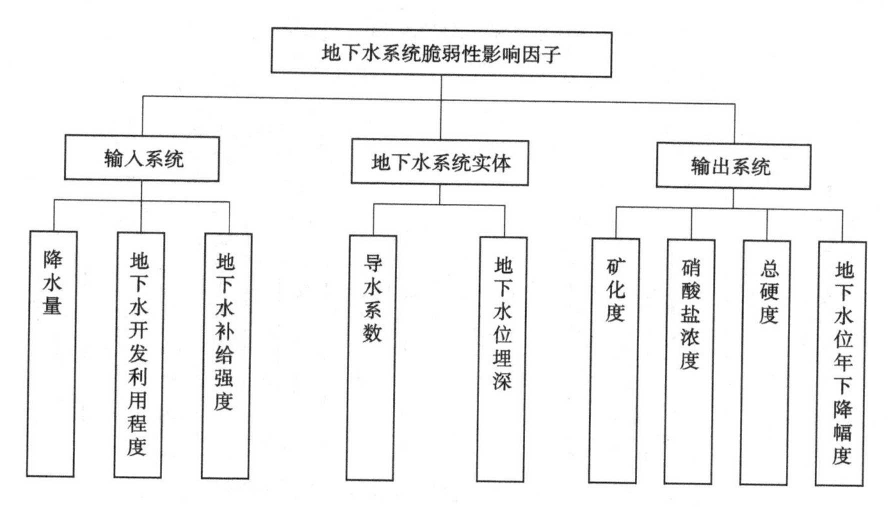

图5.8　基于地下水系统的脆弱性评价因子分类

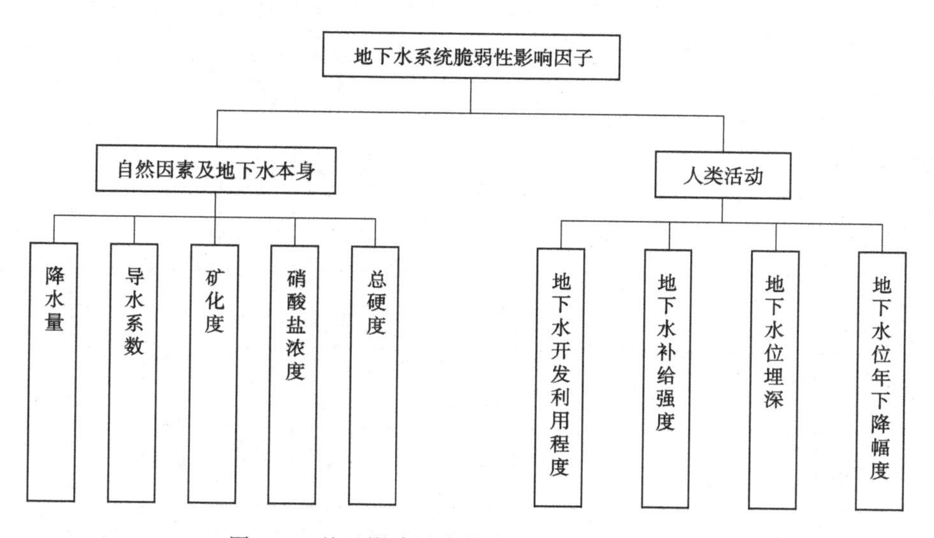

图5.9　基于影响因素的脆弱性评价因子分类

此，本研究在参考国内外地下水脆弱性评价中分级标准的基础上，结合石羊河流域本身的自然地理条件以及地下水系统的情况，建立了流域各指标分级标准。

本研究对所有指标按照1～5赋值的方法进行取值，极端脆弱取值为5，不脆弱取值为1。值越大，说明脆弱性越强。石羊河流域地下水脆弱性评价分级标准具体见表5.1。

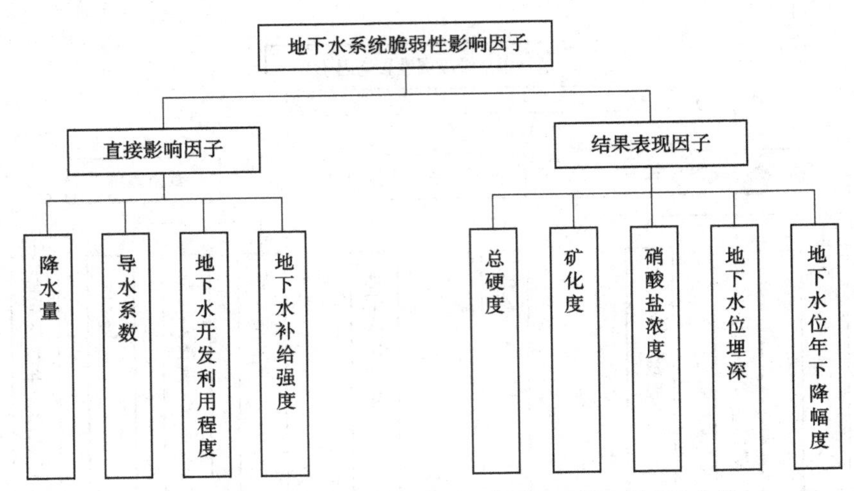

图5.10　基于直接影响和结果表现的脆弱性评价因子分类

表5.1　石羊河流域地下水系统脆弱性评价分级标准

评价因子	极端脆弱（Ⅰ）		严重脆弱（Ⅱ）		中等脆弱（Ⅲ）		一般脆弱（Ⅳ）		相对稳定（Ⅴ）	
	评分值	标准值	评分值	标准值	评分值	标准值	评分值	标准值	评分值	标准值
降水量/mm	5	≤100	4	100～200	3	200～300	2	300～400	1	≥400
地下水补给强度/(万 m^3/km^2)	5	<8	4	8～15	3	15～25	2	25～30	1	≥30
地下水开发利用程度/%	5	>90	4	90～75	3	60～75	2	<60	1	40～60
导水系数/(m^2/d)	5	>2000	4	1000～2000	3	700～1000	2	300～700	1	≤300
地下水位埋深/m	5	>40	4	30～40	3	20～30	2	8～20	1	≤8
年地下水位下降幅度/(m/a)	5	>0.6	4	0.45～0.6	3	0.30～0.45	2	0.15～0.35	1	≤0.15
矿化度/(mg/L)	5	>2000	4	1000～2000	3	500～1000	2	300～500	1	≤300
硝酸盐浓度/(mg/L)	5	>30	4	20～30	3	5.0～20	2	2.0～5.0	1	≤2.0
总硬度（以 $CaCO_3$ 计）/(mg/L)	5	>550	4	450～550	3	300～450	2	150～300	1	≤150

第 6 章　石羊河流域地下水系统脆弱性评价方法研究

结合石羊河流域实际概况，本章采用基于地理信息系统的综合指数法、灰色关联投影法和基于 MATLAB 的人工神经网络（ANN）等方法对流域内地下水系统的脆弱性进行评价，并将后两种评价结果在 GIS 软件平台上予以直观、醒目的显示，以期探讨 GIS 在脆弱性评价中的应用。同时，基于模糊数学理论，根据石羊河流域所辖行政区，以其作为评价分区进行各个行政区的地下水脆弱性评价，以便针对各个县/区提出更具体、有效的地下水资源管理措施。并对上述不同方法不同评价结果进行了综合比较分析。

6.1　GIS 在石羊河流域地下水系统脆弱性评价中的应用

地理信息系统（Geographic Information System，GIS）是以采集、存储、管理、分析、描述和应用整个或部分地球表面（包括大气层在内）与空间地理分布有关的数据信息的计算机系统（罗云启和罗毅，2001）。它作为一种专门用于管理地理空间分布数据的计算机系统，其主要功能是实现地理空间数据的采集、编辑、管理、分析、统计、制图和模拟现实功能。目前已被广泛地应用于城市规划、市政管理、政府管理、环境、资源、交通、公安、灾害预测、经济咨询、投资评价和军事等与地理信息相关的几乎所有领域，并以其混合数据结构和独特的地理空间分析功能独树一帜。在此可以用下式通俗地理解 GIS，即

GIS＝计算辅助设计(CAD)＋数据库(DATABASE)

＋空间分析(SPATIAL OPERATION)

目前国内所进行的地下水脆弱性评价，多是根据研究区域整体的信息，对地下水进行评价，反映的是全部区域的属性信息，而地理信息系统可以将单个点的空间位置和属性信息有机地结合起来，并以地图的形式输出。因此，本研究以石羊河流域平原区为例，采用桌面地理信息系统软件——MapInfo 对地下水系统的脆弱性进行评价，以期探讨地理信息系统在石羊河流域地下水脆弱性评价方面的应用（李涛，2004）。

6.1.1 MapInfo 简介

MapInfo 是美国 MapInfo 公司的桌面地理信息系统，作为与当今 GIS 技术同步发展的应用平台，它主要包括空间数据输入系统、空间数据存储和检索子系统、数据处理和空间分析子系统，数据和图形输出子系统等，具有实践性强和可操作性强等特点。强大的空间数据的图形显示、各类专题图的制作是 MapInfo 的特色。MapInfo 地图信息系统能以图形的形式全面、直观、形象地组织和管理数据，实现了空间数据和属性数据的有机统一。它用地图、图形和图表等信息描述形式通过对数据库的查询、操纵来实现对各类信息的分析处理，可将结果清晰地以地域分布或图表的形式显示出来，使用地理信息系统能够充分地进行信息的有效管理，解决水利行业存在的基本资料不详，信息采集与分析手段相对落后的问题，为水利行业提供行之有效的现代化管理手段。它的制图功能在用途上可分为以下几个方面：

（1）作为各类数字信息的可视化工具，将数字形式的地理信息（专题要素）以直观的图形形式屏幕显示，以供有关专家和决策者获取各类重要信息，进行相关专业领域的研究分析及决策。

（2）作为编制出版各种专题地图的重要工具。自 20 世纪 90 年代以来，MapInfo 已在测绘、水利、铁路等部门得到了广泛的应用，并取得了良好的效果。基本功能有：①测量分析：直线距离、可近度分析、面积测量；②缓冲区分析：点周围、沿直线、沿曲线、加权缓冲区；③多边形操作：多边形复合、点在多边形内、线在多边形内、多边形合并；④DEM 分析：高程等值线、地形图断面；⑤其他功能：专题布尔操作、邻近搜索、移动窗口过滤、最优路径、坐标几何、网罗分析、矢量转网络、网络转矢量、投影变换等。除此之外，MapInfo 还提供了用户系统开发工具 MapBasic，人们可以用 MapBasic 来设计、建立符合自己工作特点和要求的应用系统。

（3）MapInfo 软件充分体现了小型、灵活、简单的特点。在用户界面上，该软件利用 Windows 的功能，提供了符号化的菜单和命令，人机界面友好，便于操作。在数据库接口上，它可以直接接受 DBASE 和 FOXBASE 的数据格式而无需中间加工；在图形上，可以接受 * bil、* sid、* gen、* tif、* jpg 等栅格图像以及 * grd、* mig 等格网图像，并可以从 AutoCAD、Arc/Info 的数据实现共享，并可利用编图工具箱对各种图形元素任意进行增加、删除、修改等基本操作。在数据的可视化方面，MapInfo 利用点、线、区域等多种图形元素及丰富的地理符号、文本类型、线型、填充模式和颜色等表现类型，可详尽、直观、形象地完成电子地图数据的显示，根据实际需要还可以对其进行矢量化。

6.1.2 基于 MapInfo 的地下水系统脆弱性评价

根据流域地下水系统脆弱性评价指标体系可知，水位（如地下水位埋深和年地下水位下降幅度）和水质信息（矿化度、硝酸盐、总硬度）在脆弱性评价中占有重要的地位。因此，以研究区内分布广泛的地下水动态观测孔（图6.1）为基础，并接合流域水文地质情况，充分利用 MapInfo 的对象绘制功能，将研究区分为 69 个分区（图 6.2），其中民勤盆地共有 35 个分区，武威盆地共有 34 个分区。这样一方面可以充分利用各动态观测孔的水位信息和水质信息，另一方面因为每个钻孔的水位信息和水质信息均不相同，为每个钻孔划分评价分区，可提高评价精度。

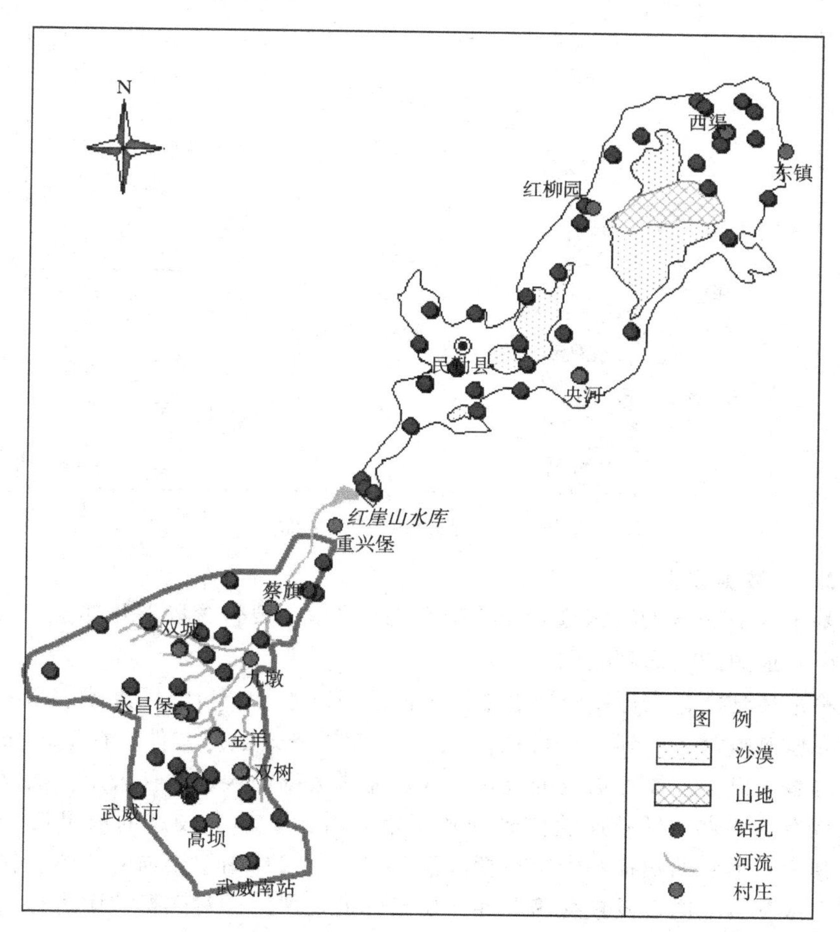

图 6.1 研究区地下水动态监测孔分布情况

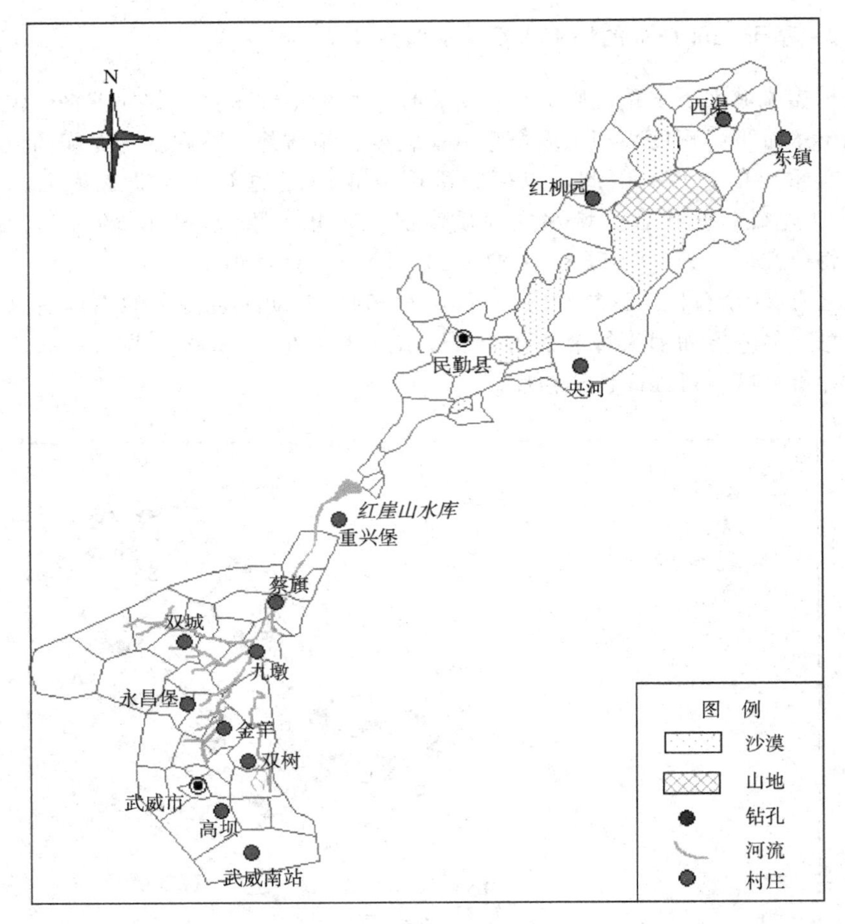

图 6.2　研究区评价分区图

6.1.2.1　数据输入

基于 MapInfo 的数据输入和存储方法及步骤主要包含以下几部分。

(1) 地图的扫描和配准。

将采集到的各类地图资料（如石羊河流域降水量分布图、流域平原区地下水动态监测点分布图等），用扫描的方法得到栅格式数据文件，在 MapInfo 中经过屏幕矢量化及属性信息的键盘输入，完成数据输入。这种采用扫描仪及鼠标实现专题要素图形及属性信息的数据输入方法，具有较高的的灵活、实用性。其中，地图的扫描和配准包括以下几步：①选择用于扫描的地图资料，包括研究区基本地图以及包含脆弱性评价指标的地图；②对选择地图进行扫描输入，最终形成扩展名为 bmp、tif、gif 等栅格式数据文件。这些栅格式数据文件将作为屏幕矢量化时提取各类专题要素的背景、依据；③在 MapInfo 中打开栅格数据文件进行图像的投影选择及配准。MapInfo 提供的栅格图像配准功能是为了使栅格图像与其他地图进行准确叠加。投影选择统一的 1980 西安坐标系，这样可以节省大量的投影时间。栅格图像的配准要选择控制点，并输入控制点的坐标信息。从配准窗口输入控制点后，根据制图要求控制点在一定的误差范围之内，如图 6.3 所示。值得一提的是，配准的精度并不在于控制点的多少，而在于所选则控制点坐标的精确程度。

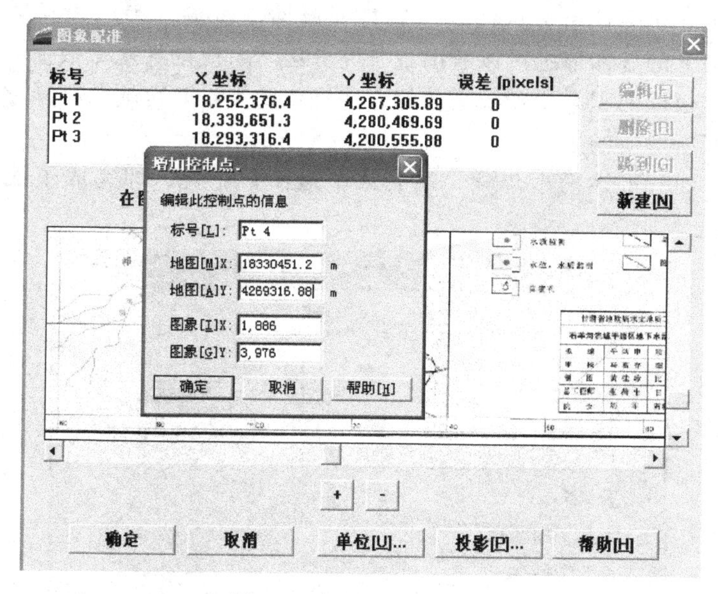

图 6.3　栅格图像的配准

（2）专题要素属性及属性数据的输入。

在 MapInfo 中打开已经配准的栅格图像，建立存储研究区域各属性要素的及图形信息的数据库（称之为表，也是 MapInfo 用来组织信息的格式）。MapInfo 以关系型数据库（表）来存储各类专题要素的属性及图形（空间位置）信息，分点、线、面按层存储各类专题地图的表示对象。专题要素的一个目标（如一个钻孔等）对象在 MapInfo 中体现为一条记录，其属性、数量特征体现为字段，在此以评价分区图创建井号及 9 个评价指标的字段为例，如图 6.4 所示。建库过程中表及字段的选择，既要依据专题地图要表达的内容及表现方式，又要考虑到现有资料的保障程度。

为了保证数据库的正常插入、删除及方便修改以及最小的数据冗余，其设计应遵循规范化标准，一个表存储一类实体或现象，应从专题要素的空间分布特征上分点、线、面存储于不同的表中。专题要素属性表建立之后，打开先前已经配准的栅格图像，这时即可根据要素的图形特征，选择相应的绘图工具进行屏幕数字化。为了保证图形与属性信息一一对应，每数字化一个对象，应紧接着点击主工具条上的“信息”按钮，按照信息工具通过键盘输入相关属性。

值得提出的是，石羊河流域地下水脆弱性评价指标的基图为研究区评价分区图，也即图 6.2。该表共有 11 个字段：井号、评价分区名称及九个脆弱性评价指标。其属性信息的输入是建立在各脆弱性评价指标信息的建立基础之上的。以该表导水系数字段的输入为例，首先打开已经数字化的石羊河流域地质参数分布图和研究评价分区图，然后打开属性信息输入表，选择导水系数字段，从屏幕上的叠加情况可以看出该研究分区所对应的导水系数值。对于有交叉的区域，根据面积采用加权系数的方法。依此类推，可输入其他字段在每一个评价分区所对应的值。

至此，经过上述两个步骤，便完成了地图数字化，即完成了数据输入的步骤。

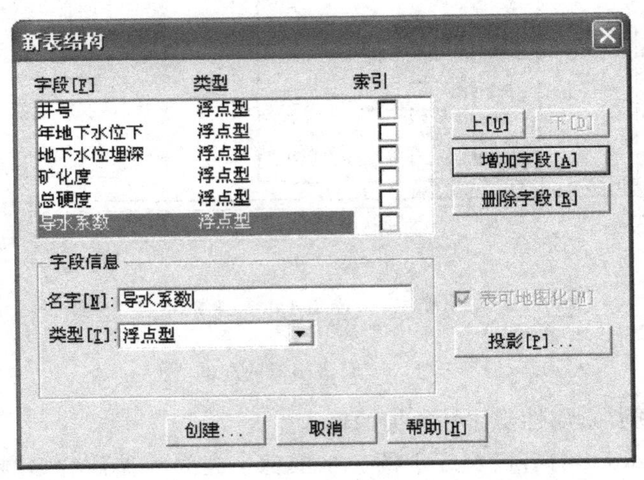

图 6.4 创建要素属性地图

6.1.2.2 数据管理

(1) 图层管理。

MapInfo 采用高度的结构化数据去描述地理信息，按照图形形象的叠加，各个图元要素在地理位置上的相互关系把上一节输入的各种参数图进行合理的分层。表示地下水脆弱性各评价指标参数的图层以不同的图形填充方式来描述显示对象所具有的不同属性。通过分层，可以快速地提取专题地图，并可以使用户的需求更加具有针对性，使数据管理维护层次清晰，简洁直观，如图 6.5 所示。

(2) 空间查询分析。

MapInfo 通过关系数据库将各种属性图联系起来，使图形管理与数据、档案管理融为一体。其具体查询方式如下。

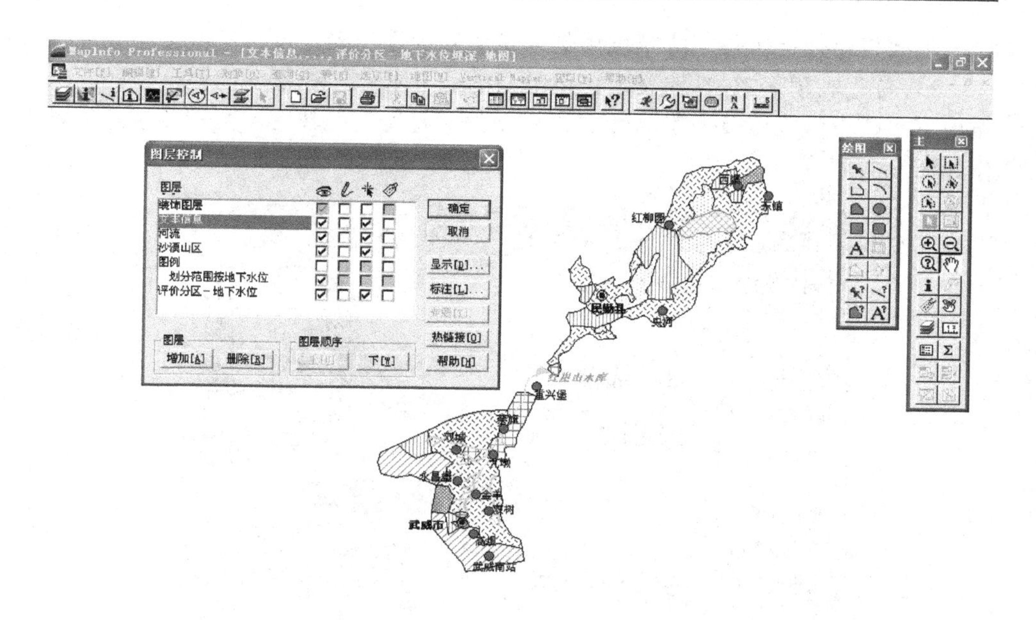

图 6.5 图层管理示意图

1）用 MapInfo 提供的各种查询手段，如常用的点图查询、空间查询、SOL 查询、SELECT 查询等，可以方便快捷地查询各个区域的属性。

2）可以开窗、开多边形查询某一窗口内区域的数据信息。

3）输入查询条件，（如年地下水位下降幅度等），都可以显示出它们的地理位置及数据库信息，也可以用颜色表示出来，或者将查询结果保存以做它用。

4）可以输入一定的逻辑条件，进行逻辑查询。MapInfo 提供的空间位置函数有：①几何质心包含（Contains）、边界完全包含（Contains entire），②几何质心包含于（Within）、部分包含于（Partly Within）、边界完全包含于（Entirely Within），③相交（Intersect），这些函数只需嵌入到 SOL 语言的 where 句子中即可；④Buffer（缓冲区）分析。缓冲区分析既可对单个地理实体进行分析，也可对多个实体进行统一分析计算。

（3）评价分区图数值的修改。

利用 MapInfo 的手动连接和 SQL 选择来实现对评价分区图各评价指标数值的修改。MapInfo 是以二维关系表的形式来组织地理数据的属性数据，它的查询统计采用标准的 SQL 语言。SQL 查询命令可以完成各种基于关系表信息的组织、分析、汇总等操作。采用 MapInfo 的 SQL 查询命令和更新列来完成对评价分区图中九个评价指标字段的更新。

下面以年地下水位下降幅度为例来说明其操作步骤。

1）首先利用 SQL 查询属于特定范围的地下水位年降幅度的评价分区。以年地下水位下降幅度及介于［0.45，0.60］区间为例。其命令及相关信息的操作如图 6.6 所示。

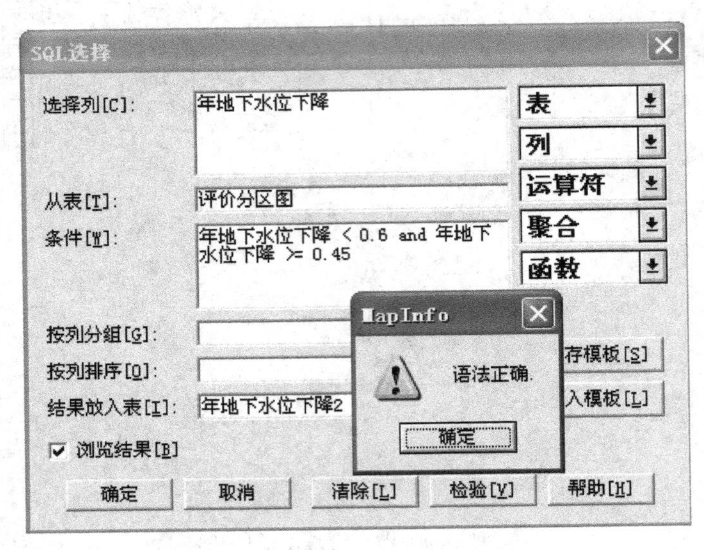

图 6.6　SQL 查询操作示意图

2）根据石羊河流域地下水脆弱性评价分级标准，可以得知，位于该区间的年地下水位下降值的评分值为 4，因此，用 4 对应所选中的评价分区的“年地下水位下降”字段进行更新列。其命令及相关信息的操作如图 6.7 所示。然后逐一操作，即可得每个评价分区的 9 个评价指标评分值。

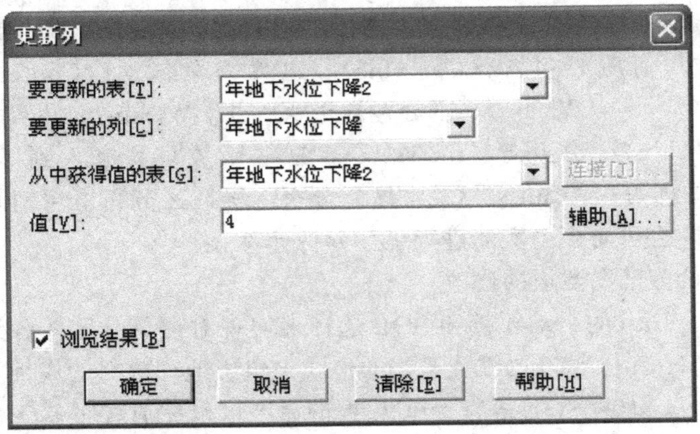

图 6.7　更新列操作示意图

6.1.2.3　评价模型的建立

本研究采用综合指数法来对石羊河流域地下水系统的脆弱性进行评价。综合系数的基本思路与国际上通用的叠置指数法的思想是一样的。其主要操作步骤如下。

（1）确立各参数的权重值。

采用层次分析法（AHP）来确定各指标的权重（许树柏，1988）。由于评价指标较多，在对各个指标的重要性做比较时，相对繁琐且容易混淆各指标重要性。因此本研究采用二层次AHP法来确定各指标的权重，即从地下水系统脆弱性影响因子出发，首先对准测层（自然因素及地下水本身因素、人类活动因素）确定权重，在此基础上再分别对各准则层的指标计算权重，各指标的权重乘以准则层的权重系数，即为各指标对总目标的权重。其关系可见表6.1。

表6.1　　评价指标体系分层表

<table>
<tr><th>目标层（G）</th><th>准则层系数（C）</th><th>指　标　层（P）</th></tr>
<tr><td rowspan="9">地下水脆弱性</td><td rowspan="5">自然因素及地下水本身的因素（C_1）</td><td>降水量/mm（P）</td></tr>
<tr><td>导水系数/(m^2/d)（T）</td></tr>
<tr><td>地下水矿化度/(mg/L)（S）</td></tr>
<tr><td>硝酸盐浓度/(mg/L)（N）</td></tr>
<tr><td>总硬度（以$CaCO_3$计）/(mg/L)（H）</td></tr>
<tr><td rowspan="4">人为因素（C_2）</td><td>地下水开发利用程度/%（U）</td></tr>
<tr><td>地下水补给强度/(万m^3/km^2)（R）</td></tr>
<tr><td>地下水位埋深/m（D）</td></tr>
<tr><td>地下水位年降幅度/m（A）</td></tr>
</table>

1）确立准则层权重。首先建立评判矩阵，如下：

$$A=\begin{bmatrix}1 & 0.5\\ 2 & 1\end{bmatrix}$$

然后利用MATLAB（王沫然，2003）计算最大特征值，在MATLAB的命令窗口中输入：

```
>>A= [1 0.5; 2 1];
>> [x, y] =eig (A)
x =
0.4472    -0.4472
0.8944     0.8944
```

$$y =$$

$$\begin{matrix} 2 & 0 \\ 0 & 0 \end{matrix}$$

由此可见，此矩阵所对应的特征值λ为2。

经一致性检验，$CI = |(\lambda - n)/(n-1)| = 0 < 0.10$，符合一致性检验。

所以，可求得自然因素及地下水本身的因素的权重值分别为

$$\omega_1 = 0.4472/(0.4472 + 0.8944) = 0.3333$$

$$\omega_2 = 0.8944/(0.4472 + 0.8944) = 0.6667$$

至此，便可以求出自然因素及地下水本身的因素（C_1）和人为因素（C_2）各自的权重为0.33和0.67。

2）确立指标层权重。

a. 对准则层C_1（自然因素及地下水本身的因素）的各项指标建立评判矩阵。

$$A_1 = \begin{bmatrix} 1 & 1 & 2 & 2 & 2 \\ 1 & 1 & 1 & 2 & 2 \\ 1/2 & 1 & 1 & 1 & 1 \\ 1/2 & 1/2 & 1 & 1 & 1 \\ 1/2 & 1/2 & 1 & 1 & 1 \end{bmatrix}$$

按照1）所述步骤，可求得特征值λ为5.0586，并经一致性检验后，求得降水量P、导水系数T、地下水矿化度S、硝酸盐浓度N、总硬度H对准则层自然因素及地下水本身的因素的权重值分别为[0.29，0.25，0.17，0.14，0.14]。

将所求得的权重值再乘以准则层系数，即可得到各评价指标对总目标的权重系数为[0.10，0.08，0.06，0.05，0.05]。

b. 对准则层C_2（人为因素）的各项指标建立评判矩阵。

$$A_2 = \begin{bmatrix} 1 & 1 & 2 & 1/2 \\ 1 & 1 & 2 & 1/2 \\ 1/2 & 1/2 & 1 & 1/3 \\ 2 & 2 & 3 & 1 \end{bmatrix}$$

按照1）的步骤，可求得特征值λ为4.0104，并经一致性检验求出准则层C_2的各项指标，即地下水开发利用程度U、地下水补给强度R、地下水位埋深D、地下水位年降幅度A对准则层人为因素的权重值分别为[0.23，0.23，0.12，0.42]。将所求得的权重值再乘以准则层系数，即可得到各评价指标对总目标的权重系数为[0.15，0.15，0.08，0.28]。

综上所述，各评价指标针对总目标的权重系数可见表6.2。

表 6.2 评价指标对总目标的权重

指标	P	T	S	N	H	U	R	D	A
ω	0.10	0.08	0.06	0.05	0.05	0.15	0.15	0.08	0.28

（2）建立评价模型。

从地下水影响的因子出发，可建立地下水评价模型为

$$PTSNHURDA=0.10\times P+0.08\times T+0.06\times S+0.05\times N+0.05\times H+0.15\times U+0.15\times R+0.08\times D+0.28\times A$$

式中 P——降水量所对应的评分值；

T——导水系数所对应的评分值；

S——矿化度所对应的评分值；

N——硝酸盐所对应的评分值；

H——总硬度所对应的评分值；

U——地下水开发利用程度所对应的评分值；

R——地下水补给强度所对应的评分值；

D——地下水位埋深所对应的评分值；

A——地下水位年降幅度所对应的评分值。

（3）脆弱性评价等级。

结合石羊河流域地下水系统的脆弱性各个指标的整体脆弱性情况，并在参考国内外分级标准的基础上，将石羊河流域的地下水脆弱性等级定为5个级别。各等级所对应的 *PTSNHURDA* 值的范围详见表6.3。评价模型确立后，便可根据该评价模型对研究区每个评价分区进行地下水系统脆弱性评价。

表 6.3 石羊河流域平原区地下水系统脆弱性评价等级表

脆弱性等级	Ⅰ	Ⅱ	Ⅲ	Ⅳ	Ⅴ
PTSNHURDA 值	≥4.5	3.5～4.5	2.5～3.5	1.2～2.5	<1.2

6.1.2.4 地下水系统脆弱性评价及其专题图的制作

MapInfo专题图制图强大的功能之一便是可实现数据分析与可视化，可以赋予数据以图形的形式，以便在地图上展示（王志杰等，2005）。它可以创建7种类型的专题地图，分别是范围、条形图、饼图、等级、点密度、单独值和格网。本研究中石羊河流域地下水脆弱性评价分区图是面状要素专题地图。面状专题要素类型众多，从空间分布特征上属于间断面状分布。在地图上以范围法来表达面状要素类别上的差异，即采用范围法来表示地下水脆弱性的不同等级。操作步骤可分为以下几步。

(1) 打开地下水脆弱性评价分区图，创建专题地图。并选择范围法。

(2) 在评价字段中选择表达式，然后，根据地下水系统脆弱性评价的数学模型按照 MapInfo 要求的格式输入，并经检验语法正确后点击下一步。操作如图 6.8 所示。

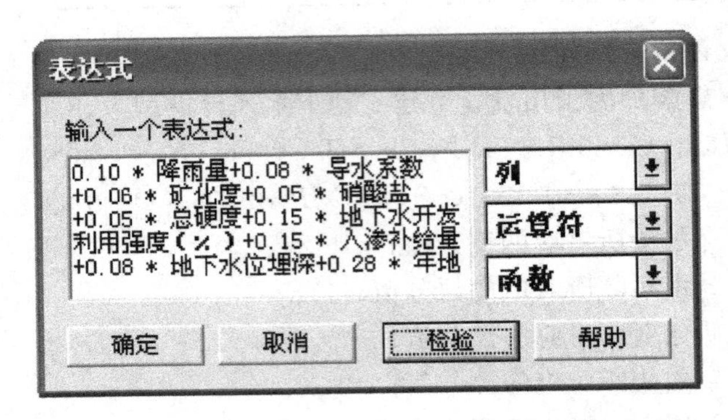

图 6.8　脆弱性 *PTSNHURDA* 表达式的建立

(3) 根据上述的表 6.3，自定义流域平原区地下水脆弱性的等级评价范围，并修改样式，用不同的图案和颜色来表示不同的等级。自定义范围的操作可如图 6.9 所示。

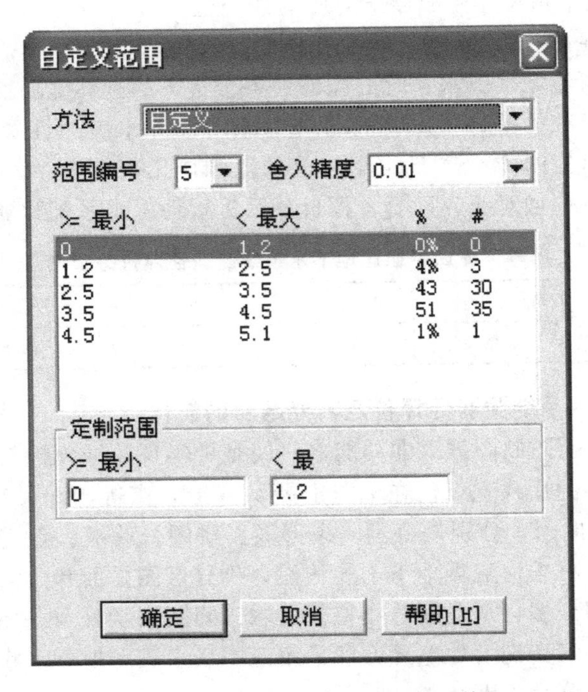

图 6.9　*PTSNHURDA* 值的隶属等级

(4) 将各个评价分区相邻且颜色一致的分区连接起来，并添加图例、图框、图名等，即完成了地下水脆弱性评价等级图的评价和制作。根据上述步骤，得到石羊河流域平原区地下水脆弱性评价等级图，如图 6.10 所示，可以直观地看出，民勤地区地下水脆弱性等级主要以Ⅱ级为主，武威地区主要以Ⅲ级为主。

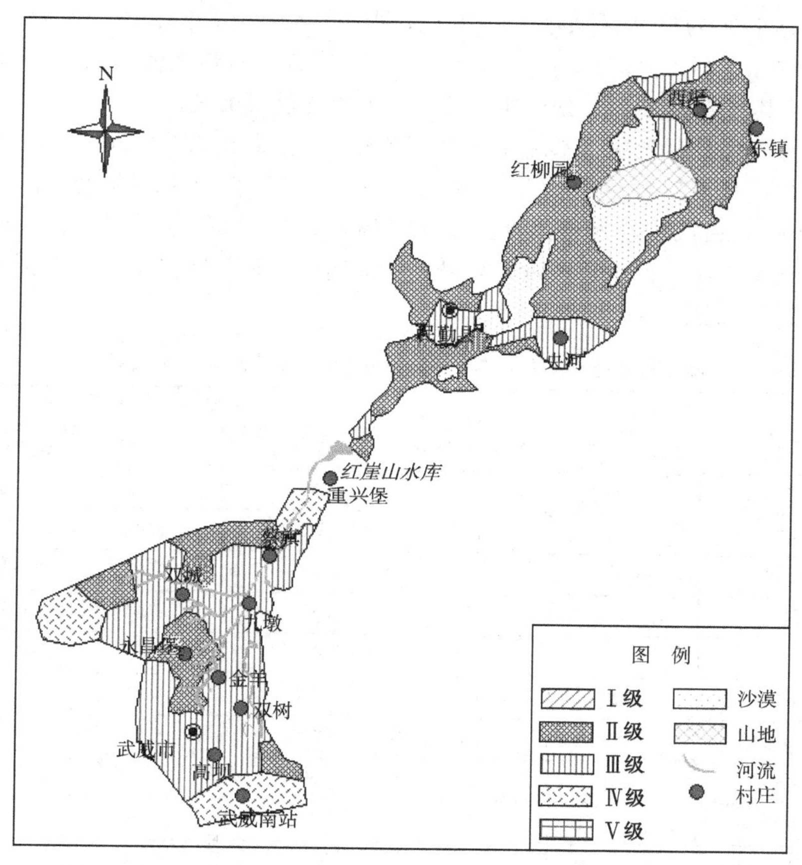

图 6.10 基于综合指数法的研究区地下水系统脆弱性等级分区图

6.1.3 地下水系统脆弱性评价结果分析

石羊河流域平原区各分区评价结果见表 6.4。然后将石羊河流域划分的评价分区个数（即民勤盆地的 35 个评价分区，武威盆地的 34 个评价分区）与上述表 6.3 中的 *PTSNHURDA* 值绘成图，分别如图 6.11 和图 6.12 所示。从图中可以看出，90%以上的评价分区的 *PTSNHURDA* 值介于 2.5～4.5，即属于严重脆弱（Ⅱ）和中等脆弱（Ⅲ）范畴。

民勤盆地的地下水脆弱性 *PTSNHURDA* 值，除评价分区 M5 的值为 4.59，评价分区 M18 的值为 2.64 之外，其余 33 个评价分区的 *PTSNHURDA* 值均在 3 和 4.5 之间。对于 35 个评价分区来说，其最大值为 4.59，最小值为 2.64，均值为 3.95，处于严重脆弱向极端脆弱过渡的阶段。对于武威盆地来说，地下水脆弱性 *PTSNHURDA* 值，除 3 个评价分区 W14，W23 和 W31 的 *PTSNHURDA* 值小于 2.5（分别为 2.42、2.1 和 2.46）之外，其余的值均在 2.5 和 4 之间。对于 34 个评价分区来说，其最大值为 3.95，最小值为 2.1，其均值为 3.13，处于中等脆弱向严重脆弱过渡的阶段。

综上，民勤盆地地下水脆弱性为Ⅱ级为主，其面积为 1233km^2，占民勤盆地总评价区域面积的 80.14%；武威盆地地下水脆弱性以Ⅲ级为主，其面积为 984.9 km^2，占武威盆地总评价区域面积的 59.33%。总体而言，石羊河流域平原区地下水脆弱性比较严重，且民勤盆地地下水脆弱性程度要比武威盆地地下水脆弱性程度严重。

表 6.4　　基于综合指数法的石羊河流域平原区各评价分区评价结果

民勤盆地			武威盆地		
评价分区	评价结果	脆弱性等级	评价分区	评价结果	脆弱性等级
M1	4.22	Ⅱ	W1	3.35	Ⅲ
M2	4.22	Ⅱ	W2	3.24	Ⅲ
M3	3.43	Ⅲ	W3	3.14	Ⅲ
M4	4.35	Ⅱ	W4	3.40	Ⅲ
M5	4.59	Ⅰ	W5	2.80	Ⅲ
M6	4.43	Ⅱ	W6	3.31	Ⅲ
M7	3.59	Ⅱ	W7	3.59	Ⅱ
M8	3.31	Ⅲ	W8	3.14	Ⅲ
M9	4.27	Ⅱ	W9	3.54	Ⅱ
M10	4.20	Ⅱ	W10	2.67	Ⅲ
M11	4.23	Ⅱ	W11	2.78	Ⅲ
M12	3.70	Ⅱ	W12	3.20	Ⅲ
M13	4.26	Ⅱ	W13	3.75	Ⅱ
M14	4.36	Ⅱ	W14	2.42	Ⅳ
M15	4.43	Ⅱ	W15	2.78	Ⅲ
M16	4.18	Ⅱ	W16	2.61	Ⅲ
M17	3.40	Ⅲ	W17	2.85	Ⅲ
M18	2.64	Ⅱ	W18	3.32	Ⅱ

续表

民勤盆地			武威盆地		
评价分区	评价结果	脆弱性等级	评价分区	评价结果	脆弱性等级
M19	4.07	Ⅱ	W19	3.14	Ⅲ
M20	3.84	Ⅱ	W20	2.91	Ⅲ
M21	4.18	Ⅱ	W21	2.86	Ⅲ
M22	3.89	Ⅱ	W22	3.95	Ⅱ
M23	3.89	Ⅱ	W23	2.10	Ⅳ
M24	4.43	Ⅱ	W24	2.96	Ⅲ
M25	4.17	Ⅱ	W25	2.80	Ⅲ
M26	3.27	Ⅲ	W26	3.72	Ⅱ
M27	3.75	Ⅱ	W27	3.39	Ⅲ
M28	4.03	Ⅱ	W28	3.54	Ⅱ
M29	4.17	Ⅱ	W29	3.14	Ⅲ
M30	4.33	Ⅱ	W30	3.32	Ⅲ
M31	3.08	Ⅲ	W31	2.46	Ⅳ
M32	4.20	Ⅱ	W32	3.64	Ⅱ
M33	3.08	Ⅲ	W33	3.84	Ⅱ
M34	3.69	Ⅱ	W34	2.75	Ⅲ
M35	4.33	Ⅱ			

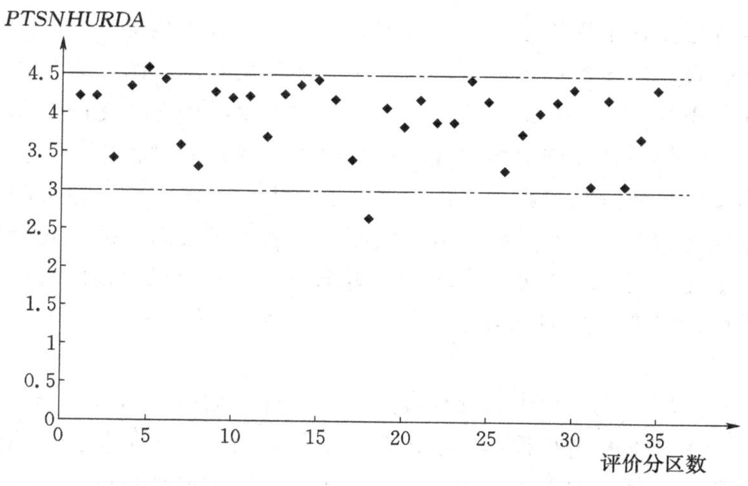

图6.11 民勤盆地地下水系统 *PTSNHURDA* 值与评价分区数的关系

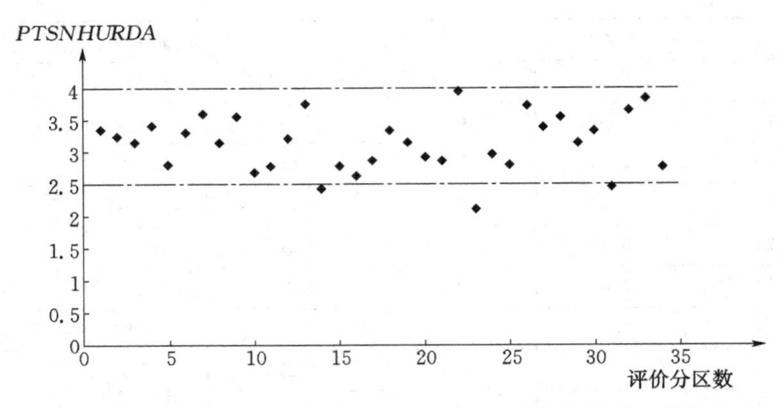

图6.12　武威盆地地下水系统 *PTSNHURDA* 值与评价分区数的关系

6.2　灰色关联投影法在地下水脆弱性评价中的应用

6.2.1　灰色关联投影法的基本原理

“灰色关联投影法”是“灰色系统”理论（邓聚龙，1990；刘思峰等，1999）中“灰关联度”部分的内容，基本思想是根据序列曲线几何形状的相识程度来判断其联系是否紧密，曲线几何形状越接近，则发展变化态势越接近，相应序列之间的灰色关联度就越大，反之就越小（吴梅，2006）。该方法计算关联度，既反映了其几何特征又反映了代数特征，是一种成熟的、简单的、准确的计算方法。在工程控制、经济管理、社会系统和环境工程等领域，甚至在复杂多变的农业系统都得到了广泛的应用。灰色关联度是两个系统或两个因素间关联性大小的量度，它描述系统发展过程中因素间相对变化的情况，也就是变化大小、方向与速度等的相对性。如果两因素在发展过程中相对变化态势一致，即同步变化程度高，则两者的灰色关联度大；反之，则灰色关联度小。作为一个发展变化的系统，关联度分析实际上是动态过程态势的量化分析，即发展态势的量化分析，它根据因素之间发展态势的相似或相异程度来衡量因素间的接近程度。发展态势的比较，实际上就是系统有关统计数据列几何关系的比较。

在灰色关联投影模型中，评价样本与评价标准均被视为多维向量，并向同一矢量（理想样本）进行投影，求出各自的投影值。由于矢量投影值等于模与矢量夹角余弦两部分的乘积，因此它能更为全面、准确地反映出评价样本与理想样本两矢量间的接近程度。

6.2.2 基于灰色关联投影法的地下水系统脆弱性评价程序

用灰色关联法进行评价的主要步骤如下：

(1) 建立灰色样本矩阵和灰色标准分级矩阵；

(2) 对样本矩阵和标准矩阵的无量纲化处理；

(3) 计算各指标的权值；

(4) 计算灰关联系数；

(5) 由灰色关联系数和权重值计关联度，进行评判。

6.2.2.1 样本矩阵的建立和样本原始数据归一化处理

定义 X 是由研究区 n 个评价分区的 m 个脆弱性因子构成的样本矩阵，记为 $X_{n\times m}$，与样本矩阵 X 对应，根据表 5.1 所确定标准确定标准矩阵 $S_{t\times m}$。

$$X_{n\times m}=\begin{bmatrix} x_{11} & x_{12} & \cdots & x_{1m} \\ x_{21} & x_{22} & \cdots & x_{2m} \\ \vdots & \vdots & \vdots & \vdots \\ x_{n1} & x_{n2} & \cdots & x_{nm} \end{bmatrix}\begin{matrix} \text{评价分区 1} \\ \text{评价分区 2} \\ \vdots \\ \text{评价分区 } n \end{matrix} \tag{6.1}$$

$$S_{n\times m}=\begin{bmatrix} s_{11} & s_{12} & \cdots & s_{1m} \\ s_{21} & s_{22} & \cdots & s_{2m} \\ \vdots & \vdots & \vdots & \vdots \\ s_{t1} & s_{t2} & \cdots & s_{tm} \end{bmatrix}\begin{matrix} \text{1 级} \\ \text{2 级} \\ \vdots \\ t\text{ 级} \end{matrix} \tag{6.2}$$

本研究对样本矩阵采用分段线性方法进行无量纲归一化处理时，参考了有关学者在所采用的方法（肖晓柏和许学工，2003），并做了适当的调整，即，将每个脆弱性评价因子各级相邻指标标准之间归一化为 0～0.2 之间。为防止个别指标超标倍数过大，造成归一化过程中信息的损失，同时将表 5.1 中 V 类脆弱性标准值 5 倍的值赋为 0。这样一方面反映了脆弱性指标超标倍数对脆弱性值贡献的影响；另一方面将其归一化至一区间，又不夸大其影响。本次归一化采用分段线性变换的方法，具体公式如下：

对于脆弱性指标值越大，脆弱性程度越严重的指标，按式（6.3）计算：

$$a_{i,j}\begin{cases} 1-1/5\times\dfrac{x_{i,j}}{s_{k,j}}, & x_{i,j}<s_{1,j} \\ 1-k/5+1/5\times\dfrac{s_{kj}-x_{i,j}}{s_{kj}-s_{k-1,j}}, & s_{k-1,j}<x_{i,j}<s_{k,j};2\leqslant k\leqslant 4 \\ 1/5\times\dfrac{5s_{4,k}-x_{i,j}}{4s_{4,k}}, & s_{4,k}\leqslant x_{i,j}\leqslant 5s_{4,k} \\ 0, & x_{i,j}\geqslant 5s_{4,k} \end{cases} \tag{6.3}$$

对于脆弱性指标值越小，脆弱性程度越严重的指标，按式（6.4）计算：

$$a_{i,j}=\begin{cases}1-1/5\times\dfrac{s_{k,j}}{x_{i,j}},\ x_{i,j}\geqslant s_{1,j}\\ 1-k/5+1/5\times\dfrac{x_{i,j}-s_{kj}}{s_{k-1,j}-s_{kj}},\ s_{k,j}<x_{i,j}<s_{k-1,j};2<k<4\\ 1/5\times\dfrac{x_{i,j}}{s_{k,j}},\ x_{i,j}\leqslant s_{4,k}\end{cases}\tag{6.4}$$

式中　i——石羊河流域平原区 69 个评价分区的评价指标值作为样本；

j——脆弱性评价指标的数目；

$x_{i,j}$——第 i 个评价分区的第 j 个指标的实际指标值；

$s_{k,j}$——第 j 个指标值所对应的第 k $(1\leqslant k\leqslant 4)$ 个等级脆弱性指标值。

利用上述公式研究区评价分区各指标值进行归一化，可得到评价指标值的灰色样本矩阵 $A_{69\times9}$，且 $A_{69\times9}=a_{i,j}$，$1\leqslant i\leqslant 69$；$1\leqslant j\leqslant 9$，可视为待评价脆弱性矩阵，如式（6.5）所示。考虑到 MapInfo 中各评价分区的各个指标已知，采用更新列的方法求得归一化的值。

$$A_{69\times9}=\begin{bmatrix}a_{11}&a_{12}&\cdots&a_{1m}\\a_{21}&a_{22}&\cdots&a_{2m}\\\vdots&&\vdots&\vdots\\a_{n1}&a_{n2}&\cdots&a_{nm}\end{bmatrix}\begin{matrix}\text{评价分区 1}\\\text{评价分区 2}\\\vdots\\\text{评价分区 69}\end{matrix}\tag{6.5}$$

民勤盆地和武威盆地各评价指数归一化后的值见表 6.5 和表 6.6。

表 6.5　民勤盆地评价分区评价指标数值归一化成果

评价分区	评价指标								
	P	*T*	*S*	*N*	*H*	*U*	*R*	*D*	*A*
M1	0.3	0.657	0.138	0.281	0.101	0.043	0.208	0.678	0.183
M2	0.2	0.738	0.110	0.735	0.048	0.043	0.208	0.751	0.193
M3	0.2	0.738	0.160	0.424	0.073	0.043	0.208	0.769	0.64
M4	0.3	0.703	0.186	0.19	0.072	0.043	0.208	0.572	0
M5	0.3	0.373	0.125	0.156	0.071	0.043	0.208	0.363	0
M6	0.3	0.573	0.125	0.156	0.071	0.043	0.208	0.424	0.098
M7	0.3	0.373	0.123	0.170	0.079	0.043	0.208	0.779	0.707
M8	0.3	0.373	0.125	0.156	0.071	0.043	0.208	0.742	0.167
M9	0.3	0.738	0.152	0.193	0.099	0.043	0.208	0.628	0.186
M10	0.3	0.573	0.152	0.193	0.099	0.043	0.477	0.626	0.172
M11	0.3	0.373	0.160	0.358	0.108	0.043	0.477	0.602	0.177
M12	0.3	0.373	0.169	0.531	0.118	0.043	0.477	0.594	0.533

续表

评价分区	评价指标								
	P	*T*	*S*	*N*	*H*	*U*	*R*	*D*	*A*
M13	0.3	0.373	0.169	0.531	0.118	0.043	0.477	0.559	0.136
M14	0.3	0.396	0.185	0.199	0.196	0.043	0.477	0.545	0.158
M15	0.3	0.397	0.188	0.178	0.173	0.043	0.208	0.780	0.160
M16	0.3	0.278	0.169	0.531	0.118	0.043	0.477	0.656	0.178
M17	0.3	0.415	0.460	0.809	0.426	0.043	0.477	0.613	0.333
M18	0.3	0.326	0.169	0.833	0.44	0.043	0.477	0.643	0.167
M19	0.3	0.326	0.332	0.608	0.192	0.043	0.477	0.605	0.172
M20	0.3	0.326	0.460	0.809	0.426	0.043	0.477	0.596	0.188
M21	0.3	0.326	0.173	0.461	0.123	0.043	0.477	0.678	0.105
M22	0.3	0.369	0.359	0.242	0.194	0.043	0.477	0.737	0.267
M23	0.3	0.318	0.507	0.777	0.525	0.043	0.477	0.5	0.176
M24	0.3	0.373	0.125	0.156	0.071	0.043	0.208	0.713	0.198
M25	0.3	0.415	0.359	0.242	0.194	0.043	0.477	0.439	0.164
M26	0.3	0.278	0.508	0.799	0.505	0.043	0.140	0.752	0.693
M27	0.3	0.278	0.508	0.799	0.505	0.043	0.140	0.913	0.293
M28	0.3	0.278	0.512	0.799	0.505	0.043	0.140	0.888	0.187
M29	0.3	0.286	0.203	0.316	0.160	0.043	0.477	0.61	0.198
M30	0.3	0.738	0.116	0.549	0.050	0.043	0.208	0.377	0
M31	0.3	0.415	0.158	0.188	0.099	0.043	0.477	0.784	0.167
M32	0.3	0.415	0.158	0.188	0.099	0.043	0.477	0.624	0.198
M33	0.3	0.449	0.171	0.184	0.131	0.043	0.477	0.757	0.167
M34	0.3	0.573	0.127	0.592	0.121	0.043	0.208	0.725	0.560
M35	0.3	0.373	0.127	0.592	0.121	0.043	0.208	0.78	0.160

表 6.6　　武威盆地各评价分区评价指标数值归一化成果

评价分区	评价指标								
	P	*T*	*S*	*N*	*H*	*U*	*R*	*D*	*A*
W1	0.4	0.170	0.227	0.270	0.14	0.788	0.808	0.73	0.179
W2	0.4	0.110	0.666	0.196	0.666	0.788	0.842	0.319	0.184
W3	0.4	0.144	0.416	0.094	0.211	0.788	0.842	0.713	0.158
W4	0.4	0.159	0.288	0	0.17	0.788	0.842	0.626	0.172

续表

评价分区	评　价　指　标								
	P	*T*	*S*	*N*	*H*	*U*	*R*	*D*	*A*
W5	0.4	0.133	0.497	0.146	0.421	0.788	0.556	0.84	0.587
W6	0.4	0.150	0.612	0.199	0.62	0.788	0.680	0.526	0.173
W7	0.4	0.138	0.511	0.152	0.362	0.788	0.337	0.782	0.187
W8	0.4	0.165	0.364	0	0.188	0.788	0.420	0.734	0.560
W9	0.4	0.151	0.479	0.285	0.358	0.788	0.244	0.699	0.167
W10	0.3	0.202	0.542	0.627	0.548	0.788	0.131	0.642	0.760
W11	0.3	0.174	0.395	0.679	0.195	0.788	0.244	0.802	0.640
W12	0.3	0.089	0.280	0.717	0.105	0.788	0.244	0.782	0.413
W13	0.3	0.067	0.240	0.539	0.152	0.788	0.244	0.693	0.188
W14	0.3	0.264	0.367	0.444	0.269	0.788	0.140	0.918	0.167
W15	0.3	0.180	0.367	0.444	0.269	0.788	0.140	0.919	0.787
W16	0.3	0.182	0.677	0.711	0.733	0.788	0.140	0.92	0.693
W17	0.3	0.177	0.485	0.579	0.790	0.788	0.280	0.931	0.453
W18	0.3	0.174	0.3	0.469	0.178	0.788	0.42	0.775	0.213
W19	0.4	0.175	0.321	0.176	0.175	0.788	0.456	0.787	0.44
W20	0.3	0.168	0.343	0.489	0.186	0.788	0.281	0.798	0.707
W21	0.4	0.18	0.257	0.156	0.152	0.788	0.552	0.757	0.733
W22	0.4	0.179	0.227	0.270	0.140	0.788	0.181	0.747	0.153
W23	0.4	0.113	0.661	0.531	0.641	0.788	0.902	0.186	0.167
W24	0.4	0.21	0.612	0.199	0.620	0.788	0.842	0.178	0.320
W25	0.3	0.186	0.507	0.491	0.565	0.788	0.131	0.784	0.600
W26	0.3	0.138	0.555	0.567	0.56	0.788	0.131	0.582	0.191
W27	0.4	0.105	0.664	0.510	0.637	0.788	0.244	0.191	0.240
W28	0.4	0.050	0.479	0.285	0.945	0.788	0.244	0.696	0.183
W29	0.4	0.102	0.533	0.243	0.479	0.788	0.271	0.346	0.493
W30	0.4	0.086	0.694	0.194	0.690	0.788	0.888	0.16	0.157
W31	0.4	0.150	0.591	0.533	0.607	0.788	0.519	0.133	0.167
W32	0.3	0.194	0.451	0.519	0.47	0.788	0.133	0.63	0.188
W33	0.3	0.192	0.409	0.595	0.200	0.788	0.131	0.636	0.191
W34	0.3	0.200	0.480	0.712	0.368	0.788	0.131	0.739	0.667

6.2.2.2　各项指标值的确定

各评价指标权重的确定采用6.1.2.3节所确定的权重，即令 $W=[0.10, 0.08, 0.06, 0.05, 0.05, 0.15, 0.15, 0.08, 0.28]$。

6.2.2.3　确定灰色标准分级矩阵

灰色关联投影法，以其能避免单个指标值进行比较而出现的偏离，并把决策方案的模与决策方案理想方案的夹角余弦结合起来，反映决策方案与理想方案的接近程度，同时其计算方法又使加权系数重要指标进一步得到加强，具有快速、准确、高效、简便的优点，从而使评价结果更接近客观实际。但是，其分辨率低的问题仍然存在（蒋火华等，2000）。本章评价中采用了级别内插的方法来提高分辨率。在每一级之间内插10级，包括从头至尾把评价分为51级，这样每一级的分辨率为1/10＝0.1。内插后的归一化灰色矩阵如下式所示，其中 $0\leqslant k\leqslant 5$，$1\leqslant j\leqslant 9$。

$$s_{50\times 9}=\begin{bmatrix}49/50 & 49/50 & \cdots & 49/50\\ 48/50 & 48/50 & \cdots & 48/50\\ \vdots & \vdots & \vdots & \vdots\\ 25/50 & 25/50 & \cdots & 25/50\\ \vdots & \vdots & \vdots & \vdots\\ 50/50 & 50/50 & \cdots & 50/50\end{bmatrix}\begin{matrix}0.1\text{级}\\ 0.2\text{级}\\ \vdots\\ 2.5\text{级}\\ \vdots\\ 5\text{级}\end{matrix}=(s_{k,j}) \tag{6.6}$$

6.2.2.4　计算灰色关联度

记（S，F）为灰色关联空间，ξ 为关联映射，r_{ij} 为子因素 $a_{i,j}$（$i=1, 2, \cdots, 69$；$j=1, 2, \cdots, 9$）关于母因素 $s_{k,j}$（$j=1, 2, \cdots, 5$；$k=1, 2, \cdots, 9$）的关联度，$r_{ij}=\xi(a_{i,j}, s_{k,j})$

$$r_{ij}=\frac{\rho\min\limits_{n}\min\limits_{m}|a_{i,j}-s_{k,j}|+\lambda\max\limits_{n}\max\limits_{m}|a_{i,j}-s_{k,j}|}{|a_{i,j}-s_{k,j}|+\lambda\max\limits_{n}\max\limits_{m}|a_{i,j}-s_{k,j}|} \tag{6.7}$$

其中常数 λ 称为分辨系数，用于调整比较环境的大小，$\lambda=1$ 时，环境不动；$\lambda=0$ 时，环境消失；通常取 $\lambda=0.5$。在计算灰色关联度时，一般只选用 λ 来调整比较环境，而使 ρ 取为1。

6.2.2.5　构造灰色关联度判断矩阵

称由 $(n+1)\times m$ 个 r 组成的矩阵为多目标灰色关联度判断矩阵 F。评价指标间的加权向量为 W，$W=(W_1, W_2, \cdots, W_m)T>0$；由加权向量构造而成的增广型灰色关联决策矩阵 F'，$F'=FW=(F_1', F_2', \cdots, F_m')$。

6.2.2.6　计算灰色关联投影及模数

将各个评价分区归一化后的值与标准 $s_{k,j}$ 之间的夹角 θ_i 称为灰色关联投影角。则 θ_i 的余弦为

$$r_{ij}=\frac{\sum_{j=1}^{m}W_jF_{ij}W_j}{\sqrt{\sum_{j=1}^{m}[W_jF_{ij}]^2}\sqrt{\sum_{j=1}^{m}W_j^2}}\quad(j=1,2,3,\cdots,m)\tag{6.8}$$

显然 $0<r_i\leqslant1$ 越大，表示评价分区的指标值与等级标准之间的变化方向越一致。记各评分区对不同等级标准之间的模数 d_i 为

$$d_i=\sqrt{\sum_{j=1}^{m}[W_jF_{ij}]^2}\tag{6.9}$$

将模的大小与夹角余弦的大小综合考虑，可以全面准确地反映各评价分区与各等级之间的接近程度。

6.2.2.7　计算灰色关联投影值

称评价指标在各等级指标上的投影值为灰色关联投影值：

$$\begin{aligned}D_i=d_ir_i&=\sqrt{\sum_{j=1}^{m}[W_jF_{ij}]^2}\frac{\sum_{j=1}^{m}W_jF_{ij}W_j}{\sqrt{\sum_{j=1}^{m}[W_jF_{ij}]^2}\sqrt{\sum_{j=1}^{m}W_j^2}}\\&=\sum_{j=1}^{m}F_{ij}\left[W_j^2\Big/\sqrt{\sum_{j=1}^{m}W_j^2}\right]\end{aligned}\tag{6.10}$$

令

$$\bar{W}=W_j^2\Big/\sqrt{\sum_{j=1}^{m}W_j^2}\quad(j=1,2,\cdots,m)\tag{6.11}$$

W 为灰色关联投影权值矢量，则

$$D_i=\sum_{j=1}^{m}F_{ij}\bar{W}_j\quad(i=1,2,\cdots,n)\tag{6.12}$$

经上述步骤，可计算各评价分区脆弱值针对每一个等级的投影值，如式(6.13)所示。根据最大隶属度的原则，第 j 各评价分区的脆弱性等级应该是矩阵 R 中第 j 列最大关联度对应的第 k 级。

$$R_{50\times69}=\begin{bmatrix}r_{11}&r_{12}&\cdots&r_{1,n}\\r_{21}&r_{22}&\cdots&r_{2,n}\\\vdots&\vdots&\vdots&\vdots\\r_{k,1}&r_{k,2}&\cdots&r_{k,n}\end{bmatrix}\begin{matrix}0.1\text{级}\\0.2\text{级}\\\vdots\\k\text{级}\end{matrix}=(r)\tag{6.13}$$

在参考文献资料和对评价结果进行分析的基础上，灰色关联投影值与评价等级的关系可见表 6.7。

表 6.7　灰色关联投影值和脆弱性等级的关系

输出目标 T	<1.0	1.0～2.2	2.2～3.5	3.5～4.5	>4.5
脆弱性等级	Ⅰ	Ⅱ	Ⅲ	Ⅳ	Ⅴ

6.2.3 地下水系统脆弱性评价结果分析

将归一化后的数值带入灰色关联评价法中的式（6.7）～式（6.13），并在MATLAB中编写程序，从而实现程序化计算，极大地提高了评价效率，节约了时间。程序详见附录1。石羊河流域平原地区69个评价分区的脆弱性评价具体结果见表6.8，并得到了各评价结果在空间上的分布变化（图6.13）。

从表6.8中可看出，对于民勤盆地而言，评价分区M4、M5、M30地下水脆弱性为Ⅰ级，极端脆弱；评价分区M2、M3、M7、M34地下水脆弱性为Ⅲ级，中等脆弱；评价分区M12、M26地下水脆弱性为Ⅳ级，一般脆弱；其余评价分区地下水脆弱性均为Ⅱ级，严重脆弱。对于武威盆地而言，地下水系统脆弱性为Ⅰ级的评价分区为W22，脆弱性为Ⅳ级的评价分区有W5、W8、W10、W15、W20、W25和W29。其余评价分区脆弱性均为Ⅱ级或者Ⅲ级。

将各评价分区结果利用MapInfo制成地下水脆弱性等级图，如图6.14所示。查询统计得到民勤盆地地下水极端脆弱的区域面积为84.34km^2，占评价区总面积的5.48%；严重脆弱的区域面积为1202.31 km^2，占评价区总面积的78.14%；中等脆弱和一般脆弱的区域面积分别为188.94km^{2}和63.054km^2，各占评价区总面积的12.28%和4.10%。其中，地下水极端脆弱的区域面积为35.36 km^2，占评价区域总面积的2.13%；严重脆弱的区域面积为1055.69km^2，占评价区域总面积的63.60%；中等脆弱的区域面积为528km^2，占评价区域总面积的31.8%；一般脆弱的区域面积为41.44km^2，仅占评价区域总面积的2.5%。

总体来说，石羊河流域地下水极端脆弱和严重脆弱的区域占流域总评价面积的74.34%，主要分布在民勤盆地的大部以及武威盆地的西南部和北部。

表 6.8　基于灰色关联投影的石羊河流域平原区研究区各评价分区结果表

民勤盆地			武威盆地		
评价分区	评价结果	脆弱性等级	评价分区	评价结果	脆弱性等级
M1	4.2	Ⅱ	W1	4.0	Ⅱ
M2	2.7	Ⅲ	W2	3.7	Ⅱ
M3	2.3	Ⅲ	W3	4.1	Ⅱ
M4	4.9	Ⅰ	W4	3.9	Ⅱ

续表

民勤盆地			武威盆地		
评价分区	评价结果	脆弱性等级	评价分区	评价结果	脆弱性等级
M5	4.9	Ⅰ	W5	1.6	Ⅳ
M6	4.5	Ⅱ	W6	3.5	Ⅱ
M7	2.3	Ⅲ	W7	3.7	Ⅱ
M8	4.1	Ⅱ	W8	1.8	Ⅳ
M9	4.1	Ⅱ	W9	4.0	Ⅱ
M10	4.1	Ⅱ	W10	1.5	Ⅳ
M11	3.8	Ⅱ	W11	2.4	Ⅲ
M12	1.7	Ⅳ	W12	2.2	Ⅲ
M13	4.6	Ⅱ	W13	4.0	Ⅱ
M14	4.5	Ⅱ	W14	4.0	Ⅱ
M15	4.5	Ⅱ	W15	1.9	Ⅳ
M16	3.9	Ⅱ	W16	2.5	Ⅲ
M17	4.1	Ⅱ	W17	3.1	Ⅲ
M18	4.5	Ⅱ	W18	3.7	Ⅱ
M19	4.4	Ⅱ	W19	1.9	Ⅲ
M20	4.4	Ⅱ	W20	2.0	Ⅳ
M21	4.6	Ⅱ	W21	1.8	Ⅲ
M22	3.6	Ⅱ	W22	5.0	Ⅰ
M23	3.8	Ⅱ	W23	3.6	Ⅱ
M24	4.1	Ⅱ	W24	3.6	Ⅱ
M25	4.5	Ⅱ	W25	1.6	Ⅳ
M26	2.0	Ⅳ	W26	3.8	Ⅱ
M27	3.9	Ⅱ	W27	3.4	Ⅱ
M28	4.2	Ⅱ	W28	4.4	Ⅱ
M29	3.8	Ⅱ	W29	1.7	Ⅳ
M30	4.9	Ⅰ	W30	4.4	Ⅱ
M31	3.8	Ⅱ	W31	3.6	Ⅱ
M32	3.8	Ⅱ	W32	4.2	Ⅱ
M33	3.8	Ⅱ	W33	4.2	Ⅱ
M34	2.8	Ⅲ	W34	2.1	Ⅳ
M35	4.1	Ⅱ	—	—	—

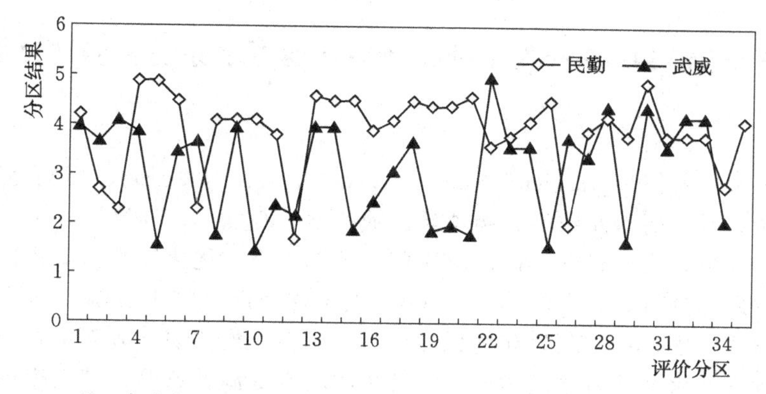

图 6.13　基于灰色投影法的石羊河流域平原区各评价分区评价结果的空间分布

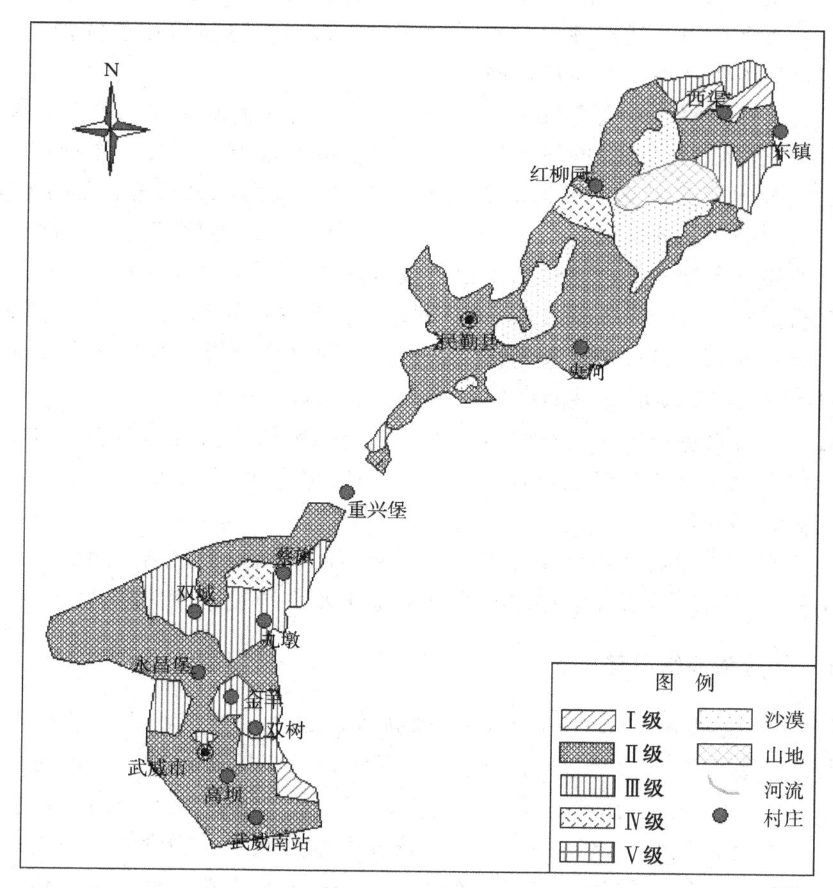

图 6.14　基于灰色投影的石羊河流域研究区地下水系统脆弱性等级分区图

6.3　基于MATLAB的人工神经网络在地下水系统脆弱性评价中的应用

人工神经网络（Artificial Neural Network，ANN）是目前国际上的前沿研究领域，是一门涉及数学、物理学、脑科学、心理学、计算机科学、人工智能等学科的新兴交叉科学，被广泛应用于预测预报、优化计算、模式识别、知识工程等研究领域（袁宏源等，2000）。人工神经网络在水资源系统中的应用主要有模式识别、预测预报和优化计算等。其中在模式识别方面主要应用于水文分类预报、水文代表年的选取、灾害预测、水资源评价等，常用模型有多层感知器、BP网络、ART网络等，其中以BP网络最为常见。预测预报方面主要应用于降水预测、径流预报、水质预测等，常用模型有多层感知器、BP网络、径向基函数网络、混沌神经网络。

用人工神经网络建立评价模型，需要编程或一些辅助软件，对于多数研究人员来说，自己编写神经网络的各种算法程序将显得十分困难、繁琐。MATLAB的神经网络工具箱的推出免除了自己编写复杂而庞大的算法程序的困扰（从爽，1998）。此外，MATLAB神经网络工具箱的内容比其他一些神经网络应用软件要丰富和全面，它包括了很多现有的神经网络的新成果，涉及的网络模型有感知器模型、线型滤波器、BP网络、控制系统网络模型、径向基网络。因此，应用MATLAB的神经网络工具箱建立网络评价模型具有相当大的优越性。MATLAB工具箱提供的径向基网络（Radical Basis Function，RBF）实现函数，具有自适应确定网络结构和无需人为确定初始权值的特点，因此被广泛地应用在水质评价（罗定贯等，2004）、环境质量评价（颜勇等，2005）等有关模糊识别领域。

地下水系统脆弱性评价实际上是一个典型的模糊识别问题。因此，本研究尝试用径向基网络函数建立网络，实现对地下水系统脆弱性的评价。

6.3.1　径向基网络原理

RBF神经网络（Moody，1989；闻新等，2003）是一种典型的局部逼近人工神经网络，由三层组成（图6.15）。其中，第一层是输入层，由信号源节点 $x_p(\rho=1,2,\cdots,m)$ 组成；第二层是隐含层，其节点是一个径向对称双方向衰减的非线性函数，对网络的输入做出直接非线性映射，隐含层节点的多少视具体问题而定；第三层为输出层 $y_q(q=1,2,\cdots,m)$，神经元采用线性传递函数，对隐含层的输出采用加权线性求和的映射模式，使网络的收敛速度很快。

RBF网络隐含层的第 i 个节点的输出为

$$r_i(x) = R_i\left(\frac{\| x - c_i \|}{\sigma_i}\right)\ (i = 1,2,\cdots,k) \tag{6-14}$$

式中 x——m 维输入变量；

c_i——第 i 个基函数的中心，与 x 具有相同的维数；

σ_i——第 i 个感知变量，决定了该函数围绕中心点 c_i 的宽度，即感知视野的大小；

k——感知单元的个数；

$\| \cdot \|$——向量范数，一般为欧氏范数。

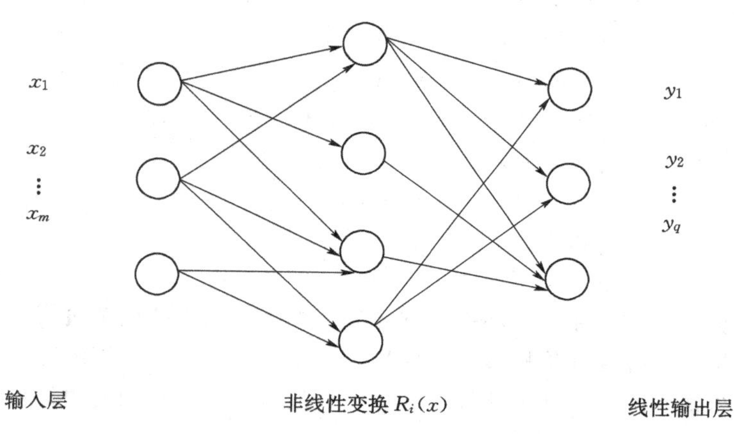

图 6.15 RBF 网络结构

隐层神经元所采用的径向基函数有平方根函数，高斯函数，板条样函数等多种形式，但通常采用高斯函数作为径向基函数，它具有形式简单、径向对称、光滑性好和任意阶导数存在的优点。

本研究以高斯函数为基函数，则 RBF 网络模型的输出为

$$y_q = \sum_{i=1}^{h} \omega_{iq} \exp[- \| x_i - c_i \|^2 / (2\sigma_i{}^2)]\ (q = 1,2,\cdots,m) \tag{6.15}$$

式中 q——输出节点数；

ω——连接隐含层和输出层的权值。

RBF 网络通过输入和输出误差来调整参数中心 c_i 和权值 ω，从而达到对网络内部系数的调整。

6.3.2 RBF 网络模型在地下水系统脆弱性评价中的应用

6.3.2.1 建立 RBF 网络规范化训练样本的输入向量和输出向量

（1）原始数据的预处理。

归一化的方法有很多，MATLAB 工具箱中采用 PREMNMX 函数将原始

数据归一化到－1 与 1 之间，考虑到原始数据在灰色关联投影法中已做归一化处理，在此，采用 6.1 节中归一化的成果，对评价标准的归一化亦采取 6.2 节中的方法。

（2）构建网络的训练样本 P 和目标输出 T。

对于训练样本，根据地下水系统脆弱性评价标准表 5.1，可得仅用地下水系统脆弱性的各级标准矩阵如下：

$$\begin{bmatrix} 0.2 & 0.4 & 0.6 & 0.8 \\ 0.2 & 0.4 & 0.6 & 0.8 \\ 0.2 & 0.4 & 0.6 & 0.8 \\ 0.2 & 0.4 & 0.6 & 0.8 \\ 0.2 & 0.4 & 0.6 & 0.8 \\ 0.2 & 0.4 & 0.6 & 0.8 \\ 0.2 & 0.4 & 0.6 & 0.8 \\ 0.2 & 0.4 & 0.6 & 0.8 \\ 0.2 & 0.4 & 0.6 & 0.8 \end{bmatrix} [1 \quad 2 \quad 3 \quad 4] \tag{6.16}$$

作为训练样本，无法使网络得到充分的训练。实际的训练过程中，把 5 级标准进行扩展，并在评价标准内按照均匀分布方式内插生成训练样本，每两级标准之间生成 100 个，共形成样本 501 个。然后，按照相同的内插比例生成目标输出。于是得到的训练样本 P 和目标输出 T 为

$$P = \begin{bmatrix} 0 & \cdots & 0.2 & \cdots & 0.4 & \cdots & 0.6 & \cdots & 0.8 & \cdots & 1.0 \\ 0 & \cdots & 0.2 & \cdots & 0.4 & \cdots & 0.6 & \cdots & 0.8 & \cdots & 1.0 \\ 0 & \cdots & 0.2 & \cdots & 0.4 & \cdots & 0.6 & \cdots & 0.8 & \cdots & 1.0 \\ 0 & \cdots & 0.2 & \cdots & 0.4 & \cdots & 0.6 & \cdots & 0.8 & \cdots & 1.0 \\ 0 & \cdots & 0.2 & \cdots & 0.4 & \cdots & 0.6 & \cdots & 0.8 & \cdots & 1.0 \\ 0 & \cdots & 0.2 & \cdots & 0.4 & \cdots & 0.6 & \cdots & 0.8 & \cdots & 1.0 \\ 0 & \cdots & 0.2 & \cdots & 0.4 & \cdots & 0.6 & \cdots & 0.8 & \cdots & 1.0 \\ 0 & \cdots & 0.2 & \cdots & 0.4 & \cdots & 0.6 & \cdots & 0.8 & \cdots & 1.0 \\ 0 & \cdots & 0.2 & \cdots & 0.4 & \cdots & 0.6 & \cdots & 0.8 & \cdots & 1.0 \end{bmatrix} \tag{6.17}$$

$$T = [0 \quad \cdots \quad 1 \quad \cdots \quad 2 \quad \cdots \quad 3 \quad \cdots \quad 4 \quad \cdots \quad 5]$$

其中，RBF 输出目标 T 和脆弱性等级的关系见表 6.9。

表 6.9　　RBF 输出目标 T 和脆弱性等级的关系

输出目标 T	<1	$1\sim2$	$2\sim3$	$3\sim4$	>4
脆弱性等级	Ⅰ	Ⅱ	Ⅲ	Ⅳ	Ⅴ

6.3.2.2 设计RBF网络并对样本数据进训练和检测

函数 *newrb* 利用迭代方法设计径向基函数网络，该方法每迭代一次就增加一个神经元，直到平方和误差下降到误差以下或隐层神经元个数达到最大值时迭代中止。函数 *newrb* 的调用形式为

$$net = newrb(P,T,GOAL,SPREAD,MN,DF) \tag{6.18}$$

式中 P、T——输入样本和目标输出矩阵；

$GOAL$——目标误差；

$SPREAD$——扩展数，缺省值为1；

MN——最大神经元个数；

DF——迭代过程显示频率。

由于本书选用了9个脆弱性评价指标，网络输入层神经元数为9。输出层神经元数设为1，利用 *newrb* 函数训练网络，自动确定所需隐层单元数。隐层单元激活函数为 *RADBAS*，加权函数为 *DIST*，输入函数为 *NETPROD*，输出层神经元的激活函数为线性函数 *PURELIN*，加权函数为 *DOTPORD*，输入函数为 *NETSUM*。按照训练样本生成的方法，把5级标准进行扩展，并在评价标准内按照均匀分布的方式，每两级标准之间生成20个，共形成检测样本101个。并按照相同的内插比例生成目标输出。随机选取10个训练样本和10个检测样本，其相对误差情况见表6.10，表明网络已具有良好的泛化能力。

表6.10 训练样本与检测样本的网络输出误差

训练样本				检测样本			
序号	目标输出	实际输出	相对误差/%	序号	目标输出	实际输出	相对误差/%
1	0.25	0.2493	0.28	1	0.20	0.1994	0.3
2	0.67	0.6705	0.07	2	0.45	0.4498	0.04
3	1.02	1.0202	0.02	3	1.00	1.0002	0.02
4	1.44	1.4395	0.03	4	1.85	1.8501	0.01
5	1.71	1.7098	0.01	5	2.30	2.3004	0.02
6	2.07	2.0704	0.02	6	2.75	2.7496	0.01
7	3.87	3.8702	0.01	7	3.20	3.1998	0.00
8	4.23	4.2294	0.01	8	3.80	3.8004	0.01
9	3.33	3.3301	0.00	9	4.25	4.2493	0.02
10	4.86	4.8606	0.01	10	4.60	4.6003	0.00

6.3.2.3 对各评价分区地下水系统的脆弱性进行仿真

利用函数

$$B = sim(A) \tag{6.19}$$

进行仿真评价。

其中 A,B 分别为待评价分区各评价指标值的归一化输入向量和用 RBF 网络对其进行评价的输出结果。

6.3.3 地下水系统脆弱性评价结果分析

基于 ANN 的石羊河流域研究区地下水系统脆弱性评价结果具体见表 6.11，同时分析了评价结果在各个评价分区上的空间分布（图 6.16）。同样，利用 MapInfo 将评价结果予以直观显示，其脆弱性等级分区图见图 6.17。

可以看出，对民勤盆地而言，评价分区 M4、M5、M6、M8、M24、M20 地下水脆弱性等级为Ⅰ级，即极端脆弱外；其余 29 个分区的脆弱性等级均为Ⅱ级，即严重脆弱。利用 MapInfo 的查询统计功能，可得地下水系统极端脆弱的评价分区总面积为 151.6km²，占总评价分区面积的 9.85%；严重脆弱的评价分区总面积为 1387 km²，占总评价分区面积的 91.15%。武威盆地所有评价分区地下水均属于严重脆弱。总体来说，石羊河流域平原区除民勤盆地北部西渠一带地下水为极端脆弱外，其余地区均为严重脆弱。

表 6.11　基于 ANN 的石羊河流域平原区研究区各评价分区结果表

民勤盆地			武威盆地		
评价分区	评价结果	脆弱性等级	评价分区	评价结果	脆弱性等级
M1	1.1167	Ⅱ	W1	1.3853	Ⅱ
M2	1.0592	Ⅱ	W2	1.5593	Ⅱ
M3	1.2058	Ⅱ	W3	1.3603	Ⅱ
M4	0.9672	Ⅰ	W4	1.2234	Ⅱ
M5	0.8371	Ⅰ	W5	1.7849	Ⅱ
M6	0.9589	Ⅰ	W6	1.7237	Ⅱ
M7	1.0972	Ⅱ	W7	1.4974	Ⅱ
M8	0.9802	Ⅰ	W8	1.4287	Ⅱ
M9	1.0773	Ⅱ	W9	1.5444	Ⅱ
M10	1.1735	Ⅱ	W10	1.8866	Ⅱ
M11	1.2281	Ⅱ	W11	1.6744	Ⅱ
M12	1.4263	Ⅱ	W12	1.3984	Ⅱ
M13	1.2533	Ⅱ	W13	1.2996	Ⅱ
M14	1.2188	Ⅱ	W14	1.4094	Ⅱ
M15	1.0831	Ⅱ	W15	1.5234	Ⅱ

续表

民勤盆地			武威盆地		
评价分区	评价结果	脆弱性等级	评价分区	评价结果	脆弱性等级
M16	1.2413	Ⅱ	W16	1.8826	Ⅱ
M17	1.7205	Ⅱ	W17	1.8761	Ⅱ
M18	1.3862	Ⅱ	W18	1.5174	Ⅱ
M19	1.4104	Ⅱ	W19	1.5488	Ⅱ
M20	1.5654	Ⅱ	W20	1.6323	Ⅱ
M21	1.2065	Ⅱ	W21	1.5303	Ⅱ
M22	1.3784	Ⅱ	W22	1.2521	Ⅱ
M23	1.5881	Ⅱ	W23	1.608	Ⅱ
M24	0.9991	Ⅰ	W24	1.6527	Ⅱ
M25	1.3224	Ⅱ	W25	1.8162	Ⅱ
M26	1.54	Ⅱ	W26	1.596	Ⅱ
M27	1.3824	Ⅱ	W27	1.5695	Ⅱ
M28	1.3277	Ⅱ	W28	1.4387	Ⅱ
M29	1.2521	Ⅱ	W29	1.6651	Ⅱ
M30	0.9811	Ⅰ	W30	1.3742	Ⅱ
M31	1.1263	Ⅱ	W31	1.6367	Ⅱ
M32	1.1651	Ⅱ	W32	1.596	Ⅱ
M33	1.1667	Ⅱ	W33	1.4459	Ⅱ
M34	1.3189	Ⅱ	W34	1.7788	Ⅱ
M35	1.1282	Ⅱ			

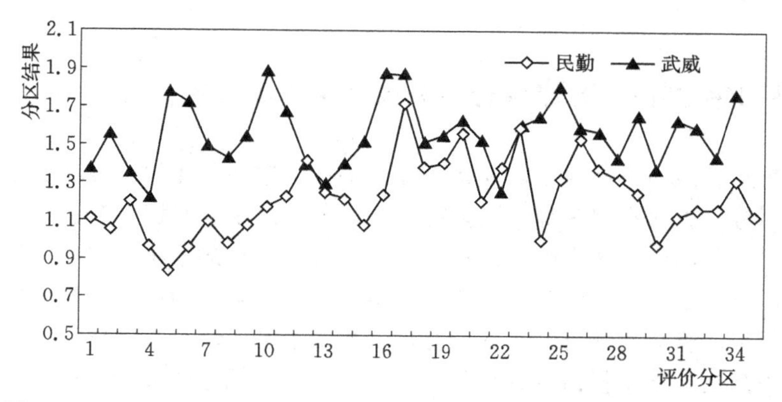

图 6.16 基于 ANN 的石羊河流域平原区各评价分区评价结果的空间分布

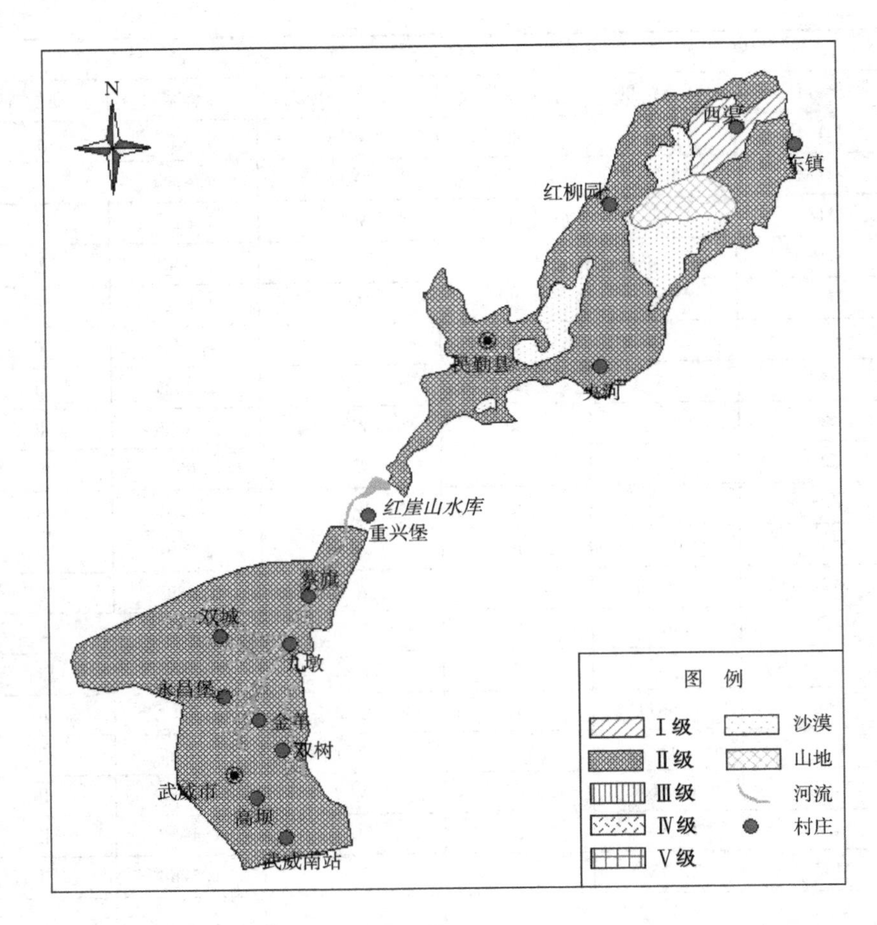

图 6.17　基于 ANN 的石羊河流域研究区地下水系统脆弱性等级分区图

6.4　基于模糊数学的流域行政分区地下水脆弱性评价

进行水资源脆弱性评价需要将研究区根据一定划分原则划分为若干个评价单元，划分的方式有很多种，较具有代表性的有网格、水资源分区、行政分区等。依据石羊河流域的自然地理特点，并考虑到资料的系统性和完整性，本节以流域内行政分区的古浪县、凉州区、金昌市和民勤县为研究分区，进行行政分区的地下水脆弱性评价，可在此基础上深入了解区域地下水资源特征和地区间水资源问题差异，提出有针对性的适应性对策。评价现状年为 2000 年。为了更好地反映各评价指标对地下水脆弱的影响程度，采用二层次模糊评价方法进行综合评价，即先对各个子系统进行一级模糊评价，再把各子系统作为因素进行二级模糊综合评价。

6.4.1　评价指标的选取与依据

根据石羊河流域地下水系统脆弱性的影响因素，评价指标体系的选取亦可分为自然因素、人为因素和生态环境因素，具体为以下7个指标。

（1）地下水补给强度。从量上反映了地下水系统的稳定性。补给强度越大，则地下水系统越容易保持和发挥其储存、调蓄地下水量的功能。

（2）地下水矿化度。不同种属的植物对潜水矿化度有各自最佳的适应范围，超出此范围就会衰败。而植被是绿洲生态环境最主要的支撑。因此，地下水矿化度越高，地下水系统维持支撑生态环境的功能越容易衰退。

（3）含水层厚度。含水层层厚决定了地下水储水量的多少，反映了地下水储存水量的多少和稀释能力的强弱。含水层越薄，则其储水量越少，污染物在含水层的混合迁移越快，地下水稀释能力越弱，地下水脆弱性越高。

（4）地下水重复补给率。是灌溉入渗、渠道渗漏占地下水总补给量的比例。

（5）地表水引用率。该指标与指标（4）一起反映了人们通过改变天然状态下相对稳定的动平衡状态下的地下水循环条件，改变地下水的径流、补给和排泄，进而造成地下水系统各功能间相互关系失调，甚而衰变。

（6）地下水位年降幅度。地下水位年降幅度是人类活动对地下水系统功能影响的集中体现。一方面，随着地下水位的下降，地下水储量减少，其储存、调蓄地下水量的功能衰减；另一方面，地下水位的下降使植被因根系吸收不到水分而衰败，甚而死亡，从而其维持支撑生态环境的功能衰减。除此之外，地下水位的下降，使地下水埋深变深，则污染物到达含水层的时间变长，污染物稀释的机会减少，加剧了水质的污染，使地下水系统溶解与搬运水化学成分的功能衰减。

（7）地下水开发利用程度。地下水开发利用程度反映了地下水的实际开采状况。地下水开采量越大，含水层的污染物因浓缩效应，其浓度越大，污染物在含水层的混合越快，则相应地地下水系统溶解与搬运水化学成分的功能降低，并相应地降低了地下水作为一种储量资源的可利用程度。生态环境因素是地下水系统维持支撑生态环境功能衰退最直接的表现，选择最能生态环境恶化的土壤盐渍化面积扩大比率、沙漠化面积比率和天然绿洲面积削减率作为评价指标。

石羊河流域地下水脆弱性评价体系和评价标准见表6.12。

表6.12　　石羊河流域地下水脆弱性评价指标体系和评价标准

目标层	准则层	指标层	评价标准			
			Ⅰ（最强）	Ⅱ（较强）	Ⅲ（中等）	Ⅴ（较弱）
石羊河流域地下水脆弱性	自然因素	地下水补给强度/(万 m^3/km^2)	0～10	10～20	20～30	＞30
		地下水矿化度/(mg/L)	＞2000	2000～1400	1400～800	＜800
		含水层厚度/m	0～20	20～80	80～150	＞150
	人为因素	地表水的引用率/%	＞80	80～60	＜40	40～60
		地下水重复补给率/%	＞95	95～88	88～80	＜80
		地下水开发利用程度/%	＞80	80～60	＜40	40～60
		地下水位年降幅度/m	＞0.5	0.5～0.35	0.35～0.2	＜0.2
	生态环境因素	土壤盐渍化面积扩大比率/%	＞60	60～35	35～10	＜10
		沙漠化面积比率/%	＞70	70～45	45～20	＜20
		天然绿洲面积消亡率/%	＞45	45～28	28～10	＜10

6.4.2　评价标准和评价方法

石羊河流域各分区内所采取的评价指标体系是一致的，根据实际情况，并在充分考虑专家意见的基础上，采用AHP层次分析法来确定权重。具体步骤见参考文献（赵涣臣等，1986；许树柏，1988），在此不再赘述。各评价指标权重见表6.13。在确定权重的基础上，为了更好地反映各指标对不同区域的影响程度，采用二层次模糊模糊综合评价方法，即先对各指标层进行一级模糊综合评价，再把各指标层作为因素进行二级综合评价，得出综合评价结果。

表6.13　　石羊河流域地下水脆弱性评价指标权重

准则层	自然因素（0.31）			人为因素（0.48）				生态环境因素（0.21）		
评价指标	1	2	3	1	2	3	4	1	2	3
权重 ω	0.48	0.31	0.21	0.18	0.20	0.25	0.37	0.39	0.44	0.17

6.4.3　评价结果及分析

6.4.3.1　一级模糊综合评判结果及分析

石羊河流域各行政分区一级模糊评判结果见表6.14。由表中可以清晰地看出各因素对地下水脆弱性的影响。2000年自然因素对各区域地下水脆弱性的影响结果表现为，古浪县为强烈，凉州区、金昌市、民勤县较为强烈，说明自然因素对地下水脆弱性有着重要的作用。以古浪县为例，古浪县虽然位于流域的上游，但由于自然环境极为恶劣，加之水资源的利用率不高，对地下水的补给强度很小，种种因素决定了古浪县地下水脆弱性与自然因素有着很大的关系。这就要求人们在水土资源开发时，应注意地表水与地下水之间的转化关系，加大对地下水的补给，才能保障地下水系统的正常功能。

人为因素对各区域地下水脆弱性的影响结果均非常强烈（古浪县和民勤县均为Ⅰ级，凉州区和金昌市为Ⅱ级），说明了人类的活动对地下水系统的脆弱性有着深刻的影响。随着农业、经济的迅速发展，加之人口的剧增，水资源供需矛盾日益突出。为了维持经济的发展，人们不得不大量开采地下水，出现了地下水位下降、水质恶化等一系列的问题。这就要求人们在水土资源开发时，应注重研究开发规模，提高水资源的利用效率，不能以地下水系统功能的衰退为代价换取一时的经济发展。

生态环境影响方面，除民勤县为Ⅰ级外，其余3个地区均为Ⅲ级。民勤县位于石羊河流域的下游，生态环境原本就比较脆弱，自20世纪70年代以来，人们对地下水资源的不合理开发利用使得本就脆弱的生态环境愈加恶化。恶化的生态环境又反作用于地下水系统，土壤沙漠化、盐渍化及天然绿洲的消失使得植被涵养水源的能力降低，水质盐化，加剧了地下水系统的脆弱性。这是一个恶性循环，因此，人们要注意加强对盐渍化土地的治理，植树造林，使生态环境向着良性发展。

表6.14　一级模糊评判计算结果

行政分区	一级指标	评判等级				评价结果
		Ⅰ（强）	Ⅱ（较强）	Ⅲ（一般）	Ⅳ（较弱）	
古浪县	P_1	0.4008	0.0892	0.3432	0.1668	Ⅰ
	P_2	04336	0.1864	0.2105	0.1395	Ⅰ
	P_3	0.0250	0.2242	0.5610	0.1934	Ⅲ
凉州区	P_1	0.0554	0.5896	0.2655	0.0895	Ⅱ
	P_2	0.2746	0.3607	0.2161	0.1534	Ⅱ
	P_3	0.0750	0.0950	0.7414	0.0866	Ⅲ
金昌市	P_1	0.1405	0.3695	0.1622	0.3278	Ⅱ
	P_2	0.2210	0.1484	0.5533	0.0773	Ⅲ
	P_3	0.0000	0.4612	0.5388	0.0000	Ⅲ
民勤县	P_1	0.3798	0.6202	0.0000	0.0000	Ⅱ
	P_2	0.5051	0.1529	0.1256	0.2164	Ⅰ
	P_3	0.5852	0.3698	0.0451	0.0000	Ⅰ

6.4.3.2 二级模糊综合评判结果及分析

根据一级模糊评判结果，采用“极大极小”的评判模型进行二级综合模糊评判，其结果见表 6.15。各地地下水脆弱性评价结果为：民勤县和古浪县为极端脆弱，凉州区为严重脆弱，金昌市为一般脆弱。其中民勤县的地下水已经处于极端脆弱的地步，其主要原因是随着人口的剧增和经济的发展，水资源供需矛盾日益突出。人们不得不大量开采地下水以维持经济的发展，加之上游来水量日益减少，地下水位下降、土地旱化、植被衰退、土地沙漠化等环境问题也就应运而生，使得本就脆弱的地下水愈加脆弱。

表 6.15　二级模糊综合评判计算结果

二级综合评判指标	行政分区	评判等级				评判结果
		Ⅰ（极端脆弱）	Ⅱ（严重脆弱）	Ⅲ（一般脆弱）	Ⅳ（较为稳定）	
石羊河流域地下水脆弱性	古浪县	0.3417	0.1638	0.3364	0.1587	Ⅰ
	凉州区	0.1667	0.3785	0.3365	0.1206	Ⅱ
	金昌市	0.1518	0.2795	0.4292	0.1395	Ⅲ
	民勤县	0.4823	0.3411	0.0706	0.1060	Ⅰ

6.5　不同评价方法的对比分析

综合上述不同评价方法进行评价结果的对比分析，以探讨更适宜石羊河流域地下水脆弱性评价的手段。具体分析如下。

（1）在地理信息系统软件 MapInfo 的平台上采用综合指数法对地下水系统的脆弱性进行评价时，考虑到水位和水质在评价中的重要性，充分利用各动态观测孔的水位信息和水质信息。本研究以石羊河流域内广泛分布的地下水动态观测孔为基础，并接合水文地质情况，充分利用 MapInfo 的对象绘制功能，将研究区分为 69 个分区。通过数据录入、数据管理等步骤，根据综合指数法建立了地下水系统脆弱性评价的 PTSNHURDA 模型，并利用 MapInfo 的专题图绘制功能制作了石羊河流域地下水系统脆弱性等级图，并在此基础上利用 MapInfo 的查询统计功能对评价结果进行了分析。

（2）在利用灰色关联投影法进行评价时，为了弥补其分辨率低的缺点，在评价中采用了评价内插的方法，在每一级之间内插 10 级，相当于一共把地下水系统的脆弱性划分为 51 级，每一级的分辨率为 0.1。这样提高了其分辨率，增加了评价的准确性。在 MATLAB 平台上编写计算机程序，使得繁琐复杂的运算程序化，节约了大量时间。

（3）利用 MATLAB 的神经网络工具箱建立了径向基函数网络模型，免除了自己编写复杂而庞大的算法程序的困扰，从而节省了时间，提高了效率。在对网络实际的训练过程中，把五级标准进行扩展，并在评价标准内按照均匀分布方式内插生成训练样本，每两级标准之间生成100个，共形成样本501个。这样避免了单纯采用标准值作为训练样本的不足。并采用生成训练样本的办法，生成101个检测样本。输出目标与实际输出之间的误差表明，该网络具有良好的泛化能力，可用其对石羊河流域平原区的地下水系统脆弱性进行评价。

（4）将基于MapInfo的综合指数法、灰色关联投影法和基于MATLAB神经网络工具箱的ANN方法的评价结果进行对比分析（表6.16），发现3种评价方法的结果基本上是一致的。其中，灰色关联投影法和基于MATLAB神经网络工具箱的ANN方法，95%以上的评价分区的评价等级相同或相差一个等级，即处在两个等级之间的过渡阶段。此外，对石羊河流域以行政区为划分单元进行的地下水脆弱性评价显示，民勤县和古浪县为极端脆弱，凉州区为严重脆弱，金昌市为一般脆弱。评价结果与实际水资源分布情况相符合。总体来说，石羊河流域平原区的地下水系统为严重脆弱，其中民勤盆地地下水系统比武威盆地地下水系统要更脆弱。

表6.16　综合指数法、灰色关联投影法和基于MATLAB的ANN方法评价结果对比

民勤盆地				武威盆地			
评价分区	综合指数	灰色投影	神经网络	评价分区	综合指数数	灰色投影	神经网络
M1	Ⅱ	Ⅱ	Ⅱ	W1	Ⅲ	Ⅱ	Ⅱ
M2	Ⅱ	Ⅲ	Ⅱ	W2	Ⅲ	Ⅱ	Ⅱ
M3	Ⅲ	Ⅲ	Ⅱ	W3	Ⅲ	Ⅱ	Ⅱ
M4	Ⅱ	Ⅰ	Ⅰ	W4	Ⅲ	Ⅱ	Ⅱ
M5	Ⅰ	Ⅰ	Ⅰ	W5	Ⅲ	Ⅳ	Ⅱ
M6	Ⅱ	Ⅱ	Ⅰ	W6	Ⅲ	Ⅱ	Ⅱ
M7	Ⅱ	Ⅲ	Ⅱ	W7	Ⅱ	Ⅱ	Ⅱ
M8	Ⅲ	Ⅱ	Ⅰ	W8	Ⅲ	Ⅳ	Ⅱ
M9	Ⅱ	Ⅱ	Ⅱ	W9	Ⅱ	Ⅱ	Ⅱ
M10	Ⅱ	Ⅱ	Ⅱ	W10	Ⅲ	Ⅳ	Ⅱ
M11	Ⅱ	Ⅱ	Ⅱ	W11	Ⅲ	Ⅲ	Ⅱ
M12	Ⅱ	Ⅳ	Ⅱ	W12	Ⅲ	Ⅲ	Ⅱ
M13	Ⅱ	Ⅱ	Ⅱ	W13	Ⅱ	Ⅱ	Ⅱ
M14	Ⅱ	Ⅱ	Ⅱ	W14	Ⅳ	Ⅱ	Ⅱ
M15	Ⅱ	Ⅱ	Ⅱ	WI5	Ⅲ	Ⅳ	Ⅱ
M16	Ⅱ	Ⅱ	Ⅱ	WI6	Ⅲ	Ⅲ	Ⅱ

续表

民勤盆地				武威盆地			
评价分区	综合指数	灰色投影	神经网络	评价分区	综合指数数	灰色投影	神经网络
M17	Ⅲ	Ⅱ	Ⅱ	W17	Ⅲ	Ⅲ	Ⅱ
M18	Ⅱ	Ⅱ	Ⅱ	W18	Ⅱ	Ⅱ	Ⅱ
M19	Ⅱ	Ⅱ	Ⅱ	W19	Ⅲ	Ⅲ	Ⅱ
M20	Ⅱ	Ⅱ	Ⅱ	W20	Ⅲ	Ⅳ	Ⅱ
M21	Ⅱ	Ⅱ	Ⅱ	W21	Ⅲ	Ⅲ	Ⅱ
M22	Ⅱ	Ⅱ	Ⅱ	W22	Ⅱ	Ⅰ	Ⅱ
M23	Ⅱ	Ⅱ	Ⅱ	W23	Ⅳ	Ⅱ	Ⅱ
M24	Ⅱ	Ⅱ	Ⅰ	W24	Ⅲ	Ⅱ	Ⅱ
M25	Ⅱ	Ⅱ	Ⅱ	W25	Ⅲ	Ⅳ	Ⅱ
M26	Ⅲ	Ⅳ	Ⅱ	W26	Ⅱ	Ⅱ	Ⅱ
M27	Ⅱ	Ⅱ	Ⅱ	W27	Ⅲ	Ⅱ	Ⅱ
M28	Ⅱ	Ⅱ	Ⅱ	W28	Ⅱ	Ⅱ	Ⅱ
M29	Ⅱ	Ⅱ	Ⅱ	W29	Ⅲ	Ⅳ	Ⅱ
M30	Ⅱ	Ⅰ	Ⅰ	W30	Ⅲ	Ⅱ	Ⅱ
M31	Ⅲ	Ⅱ	Ⅱ	W31	Ⅳ	Ⅱ	Ⅱ
M32	Ⅱ	Ⅱ	Ⅱ	W32	Ⅱ	Ⅱ	Ⅱ
M33	Ⅲ	Ⅱ	Ⅱ	W33	Ⅱ	Ⅱ	Ⅱ
M34	Ⅱ	Ⅲ	Ⅱ	W34	Ⅲ	Ⅳ	Ⅱ
M35	Ⅱ	Ⅱ	Ⅱ				

（5）为更清楚地揭示民勤盆地和武威盆地各个评价分区的评价指标在空间上分布的差异，分别将上述降水量（P）、导水系数（T）、矿化度（S）、硝酸盐（N）、总硬度（H）、地下水开发利用程度（U）、地下水补给强度（R）、地下水位埋深（D）以及地下水位年降幅度（A）等7个评价指标进行归一化处理，并分析在各个盆地中的空间分布，分别见图6.18和图6.19。对于民勤盆地的35个评价分区中，P值仅在第2个和第3个分区略低，其余分区保持常数，而U值在所有分区保持常数，说明这两个指标对各个分区具有一致性的影响，对该区地下水脆弱性空间分布的影响是相同的；R值波动范围也较小，大多数在0.140、0.208、0.477这3个水平，这可能与区域下垫面状况、工农业取用水的集中程度等有关系；其余几个指标在空间上存在较大波动，例如A值在第4、第5和第30个分区均为0，而最大值为0.707，出现在第7个分区，其变异系数C_v达到77.5%，其次为指标S和N，也具有较大的空间波动，二者C_v值大约60%。对于武威盆地，P值和U值具有类似的情况，但前者的波动程度明显大

于民勤盆地，同时也需要更加重视地下水开发利用对两地区地下水脆弱性的影响；其余几个指标中，R 值在 34 个评价分区中波动幅度最大，C_v 值达到 68.3%，其次为 A 值和 H 值，C_v 值分别为 62.7%、57.4%，波动范围最小的是 T 值。对比各个评价指标在两个盆地的分布可知，降水量和地下水开发利用程度呈现最小的空间变化，而地下水位年降幅度、地下水补给强度和总硬度在各评价分区中呈现较为剧烈的波动变化，在未来研究中需要额外重视。

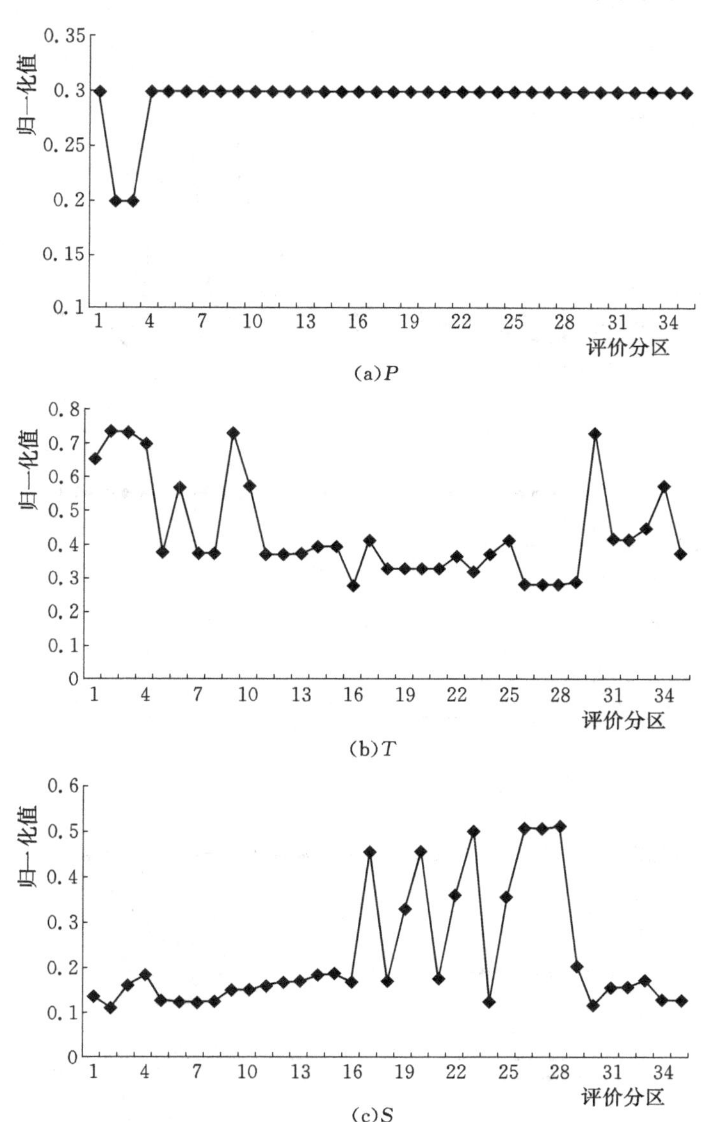

图 6.18（一）　民勤盆地各评价分区地下水脆弱性评价指标归一化结果变化

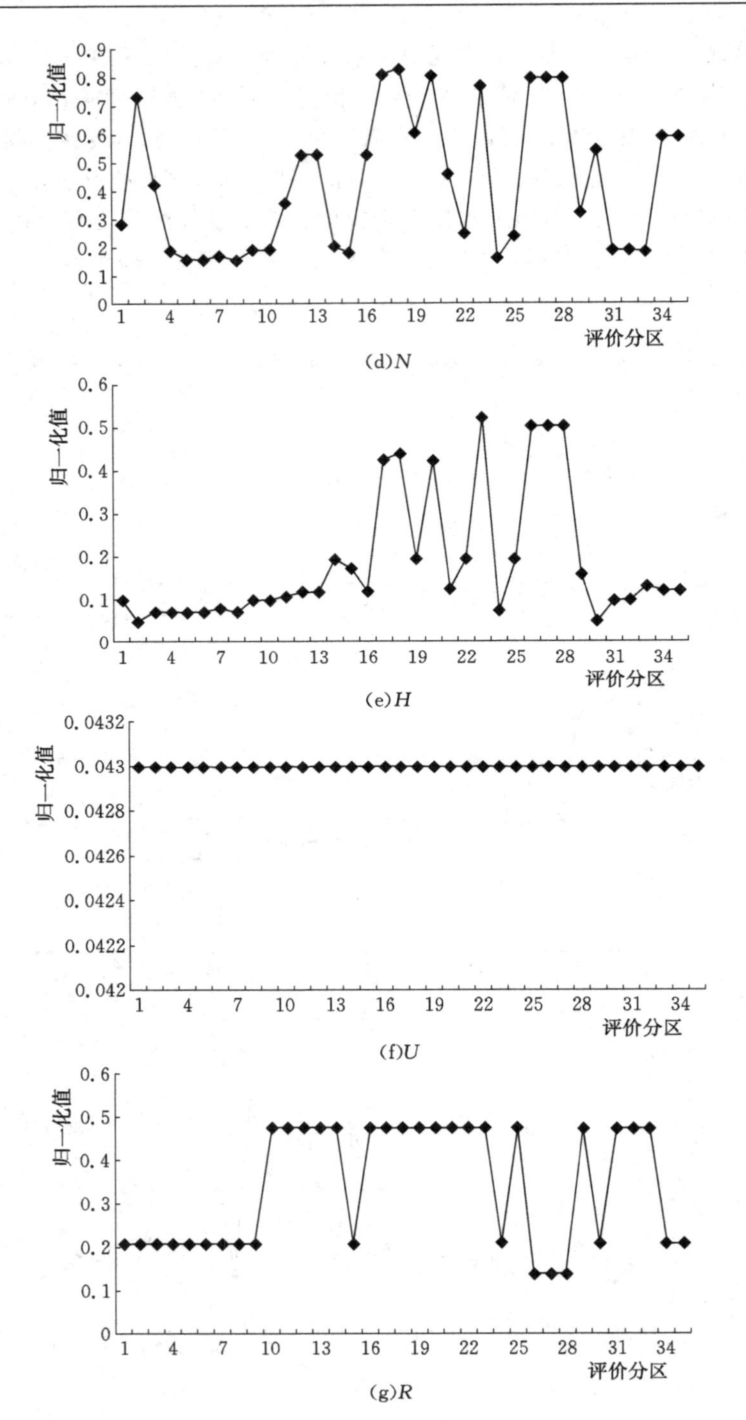

图6.18（二）　民勤盆地各评价分区地下水脆弱性评价指标归一化结果变化

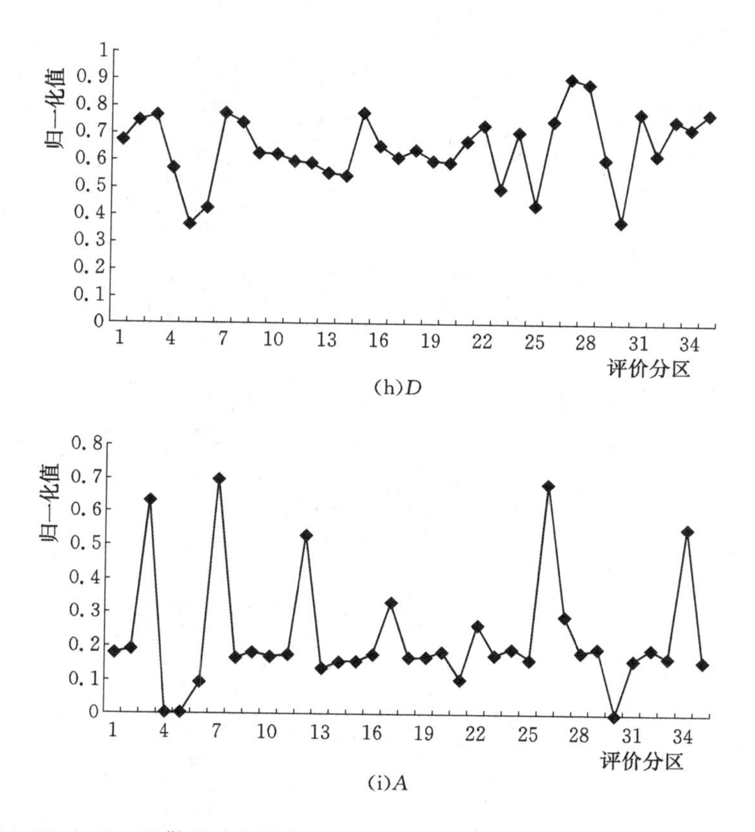

图 6.18（三）　民勤盆地各评价分区地下水脆弱性评价指标归一化结果变化

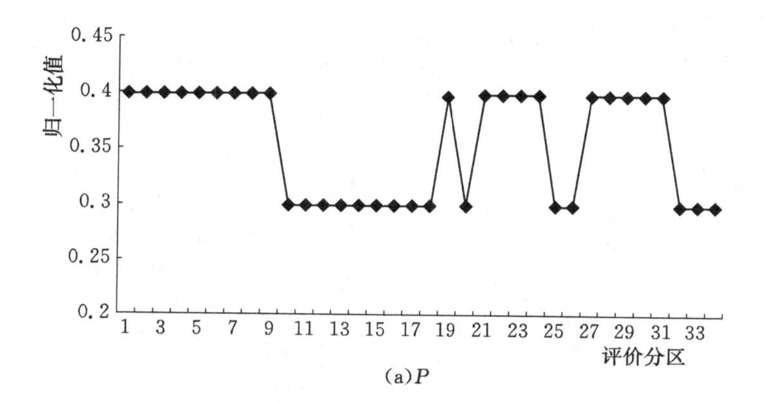

(a)P

图 6.19（一）　武威盆地各评价分区地下水脆弱性评价指标归一化结果变化

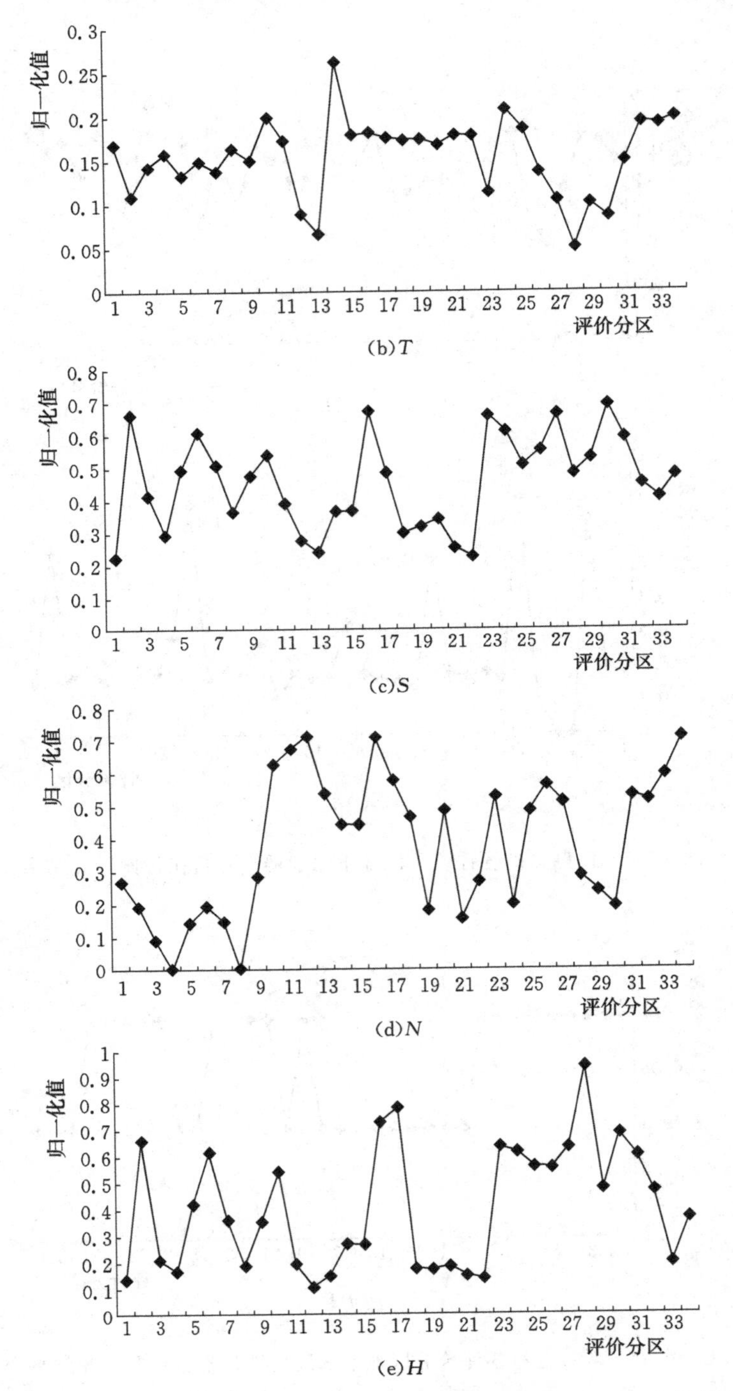

(b)T

(c)S

(d)N

(e)H

图6.19（二）　武威盆地各评价分区地下水脆弱性评价指标归一化结果变化

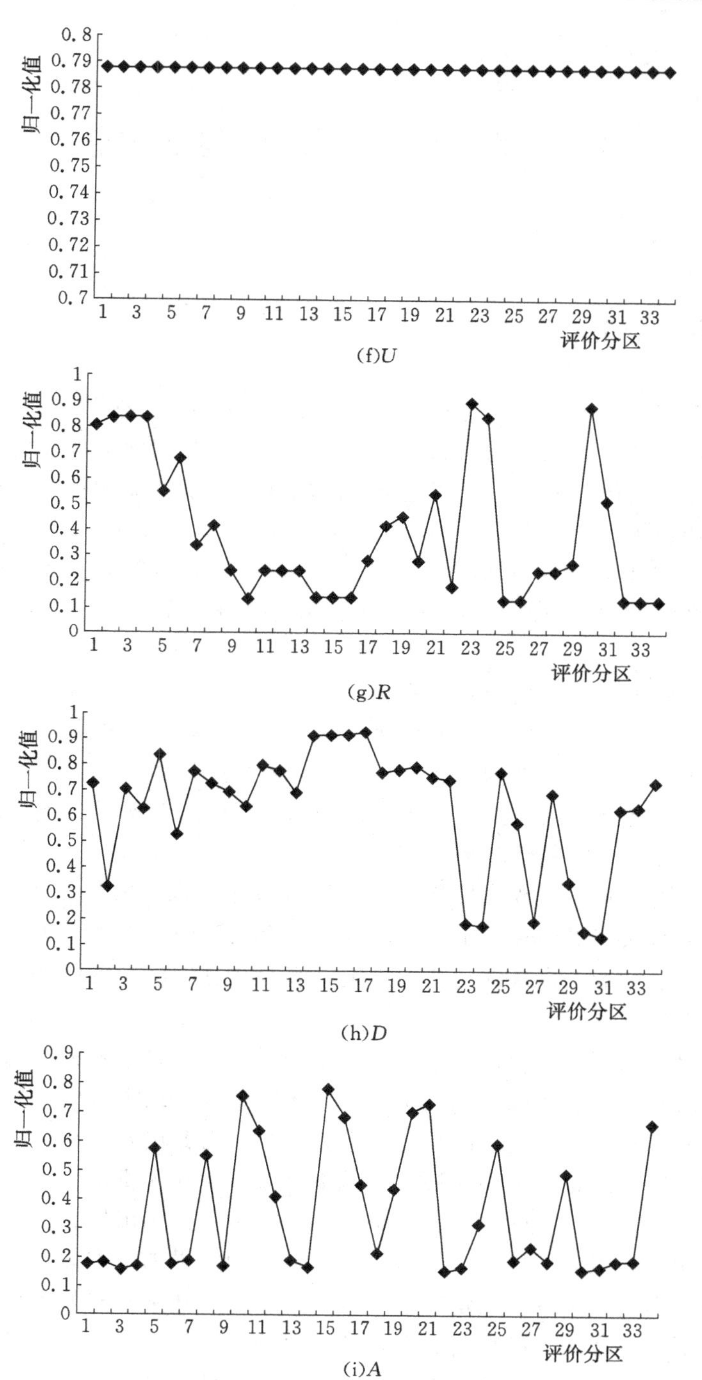

图 6.19（三） 武威盆地各评价分区地下水脆弱性评价指标归一化结果变化

第7章 研究结论与展望

7.1 本研究结论

本研究在对地下水系统的基本概念总结的基础上，分析了干旱半干旱内陆区石羊河流域地下水系统的功能和环境，概化了研究区地下水系统，界定了地下水系统脆弱性的定义，分析了地下水脆弱性的表现特征和影响机理，建立了地下水脆弱性评价指标体系。最后在MapInfo的平台上采用综合指数法、灰色关联投影和基于MATLAB的ANN对研究区民勤盆地地下水系统和武威盆地地下水系统共69个评价分区的地下水脆弱性进行了评价。主要取得了以下研究成果。

（1）在对地下水系统的基本概念，地下水系统的结构、资源属性和环境属性分析的基础上，根据研究区的径流、补给和排泄特征，将研究区概化成一个统一的地下水系统。并根据水文地质特征进一步将该系统分为民勤盆地下水亚系统和武威盆地下水亚系统。基于系统的基本理论，分析了该地下水系统运转机制及输入输出系统的组成部分。

（2）在地下水系统概化的基础上，从流域地下水系统的功能和环境出发，界定了地下水系统脆弱性的定义，即，在自然因素和人类活动等外部环境综合作用的影响下，地下水系统功能的稳定程度。并分析了流域地下水系统的脆弱性内涵和表现特征。

（3）流域地下水系统是一个开放性的自然-人工复合系统，地下水作为核心与人类活动、生态环境、地表水发生紧密联系，而人类活动、地表水和生态环境之间又相互联系，进而影响到地下水系统。由此出发，从自然因素、人为因素和生态环境因素3个层面揭示了地下水系统脆弱性机理。

（4）从地下水系统的输入、系统实体和输出的角度出发，并综合考虑地下水系统的功能和脆弱性机理，即自然因素、人为因素和生态环境因素对地下水系统功能的影响，选取降水量、地下水补给强度、地下水开发利用强度、导水系数、地下水位埋深、矿化度、硝酸盐和总硬度作为流域地下水系统脆弱性评价指标体系。在选取评价指标的基础上，充分利用GIS软件提取各类图像的有用属性信息，并结合数据资料得到各评价因子分区图。

(5) 在地理信息系统软件MapInfo的平台上采用综合指数法对流域69个评价分区的地下水系统的脆弱性进行了评价，利用MapInfo的专题图绘制功能制作了石羊河流域地下水系统脆弱性等级图。并在此基础上利用MapInfo的查询统计功能对评价结果进行了分析，探讨了GIS在地下水系统脆弱性评价中的应用。

(6) 采用灰色关联投影法和基于MATLAB的人工神经网络对69个评价分区的地下水脆弱性进行了评价，并根据评价结果利用MapInfo制作了脆弱性评价等级图，直观显示了流域地下水系统脆弱性的空间变异性。经分析，3种评价方法的评价结果基本上是一致的。评价结果表明：研究区90%以上的区域，地下水系统为脆弱和严重脆弱。其中，民勤盆地地下水系统处于严重脆弱向极端脆弱过渡的阶段。对于武威盆地来说，处于中等脆弱向严重脆弱过渡的阶段。总体来说，石羊河流域平原区地下水脆弱性比较严重，武威盆地地下水脆弱性程度不如北盆地民勤盆地地下水严重。

7.2 未来研究展望

目前，水资源脆弱性研究仍然包括诸多不足，通过对现有研究成果的总结，主要包括以下几个方面（夏军等，2012；陈岩，2016）。

(1) 水资源脆弱性机理研究亟待加强。水资源脆弱性的内涵及外延都未能进行科学的界定，而更深入的水资源脆弱性与社会经济系统之间的耦合关系、水资源脆弱性的经济损害、社会经济系统需用水造成的二次或多次水资源系统损害等的研究也就难以顺利展开。此外，现有脆弱性评价的结果只是评价出各个流域、区域的水资源脆弱性程度，缺少对脆弱性机理和原因的分析，亟须构建出一套面向适应性治理决策的水资源脆弱性指标体系和评价准则，分析出不同流域和区域的脆弱性原因，为适应性治理决策奠定基础。

(2) 评价方法以指标体系为主，缺乏能够动态评估水资源脆弱性过去、现状和未来的方法。目前的评价指标多以单一指标及指标体系为主，单指标直观性强且数据易于获得，但往往只关注脆弱性的一个方面，不能充分反映水资源系统的脆弱状况。综合来看，还没有形成一套成熟的、有清晰水资源管理与调控概念的指标体系。在气候变化背景下，动态且能够联系水资源与社会经济和生态系统的方法更能及时反映水资源脆弱性，然而，目前仍缺乏能够进行动态评估的方法。

(3) 需要加强核心指标的甄选，寻求能表征水资源脆弱性不同属性、支撑脆弱性调控及应对的关键性控制指标。评价水资源脆弱性，要能抓住水资源脆弱性的实质，科学把握水量水质、自然社会、供需矛盾等多种复杂性在水资源系统的风险暴露，就要从复杂指标、多层次体系中辨识出核心指标。在不同时段，影响水资源脆弱性的因素有别；同样，不同地域因人类活动的差异而表现出不同的水资源脆弱性。面对不同的时空尺度，不同水资源脆弱性属性，不同管理目标、措施及能力差异，更需加强核心指标的甄选，发掘水资源管理关键性控制指标。

在进一步的研究中，水资源脆弱性理论将深化，量化方法将更为多样，适应性对策研究及智能化、数字化模拟与表达等方面将获得进展。具体发展趋势可以分为以下几个方面。

（1）应对策略应更具针对性。现有适应性管理对策只是泛泛提出，制定具有针对性、便于操作、易于普及的适应性对策显得尤为急迫。多角度、多层次的水资源适应性对策将能更加全面、深入和准确地反映水资源脆弱性属性和特点，更利于管理部门进行操作和实施，并要强化资源脆弱性评价和适应性管理之间的关联性。未来水资源脆弱性研究，将在进一步发展脆弱性影响与评估研究基础上，逐步转到适应性水资源管理与对策的研究。

（2）水资源系统脆弱性研究涉及水资源系统-社会经济系统-生态环境系统间的复杂协同作用，下一步应积极开展对其驱动力及物理机制的深入研究（周翔南等，2017）。社会经济及生态层面研究得到加强，在对脆弱性的认识上，自然、社会经济及生态方面的属性需要得到充分、有区别的对待，随着研究的深入，不仅在综合脆弱性方面取得进展，脆弱性分层面也将获得进展，并形成各个属性相应的研究方法。另外，3S 技术应用、评价规范化及标准化、评价尺度与阈值等方面都将是未来研究的重要方向，形成辨识—归因—评价—应对的水资源脆弱性研究理论体系。

（3）函数评价方法应更多应用于水资源脆弱性精确量化研究。寻找能精确定量脆弱性、具有物理基础的方法一直是水资源脆弱性研究领域探求的重要内容。发展一套易于计算、综合考虑数据获取及研究区域的函数方法，更利于水资源脆弱性评价的运用与普及，也有利于完善水资源脆弱性理论。另外，评价尺度是水资源脆弱性评价面临的重要问题。在现有方法中，适用于全球或大尺度区域的指标往往难以在流域、城市及社区尺度上应用，而从小尺度发展的指标在大尺度上因数据等问题难以收到效果，而函数法具有可设置不同的参数及易于调控的优点，在未来的发展中将得到重视。

（4）现有的研究仅从时间或者空间的单一维度对水资源脆弱性进行评价，不能全面反映出水资源脆弱性的时间变化趋势和空间分布状态。未来的实证研究应该分别从时间和空间的角度对水资源进行脆弱性评价和适应性治理对策研究，从空间上可以深入分析各流域脆弱性产生的原因，二维、三维等多维技术的应用将从空间上完善水资源脆弱性表达、显示及模拟，空间分析、空间寻优及模型化技术将促进水资源脆弱性评价流程的发展和规范化；从时间上可以预测水资源脆弱性的动态变化趋势，以便提前进行控制。

地下水资源对于维持干旱区经济发展起着不可替代的作用，因此，对地下水系统的脆弱性进行适时的评价，有利于为决策者在地下水资源的开发利用方面提供决策依据。但是，地下水系统脆弱性的影响因素众多，其脆弱性机理、脆弱性演化特征以及脆弱性评价指标和评价方法等仍需要进一步地研究。干旱半干旱区地下水系统因为具备与湿润地区不同的结构和功能，加之干旱干旱区所处自然条件极为恶劣，因此，地下水系统的脆弱性不能忽略自然因素的作用，如何衡量自然因素和人为因素之间的地位仍需进一步地研究。石羊河流域特殊的河流-含水层系统，使得地下水和地表水之间的转化非常频繁，该地区地下水作为水循环中的一个重要组成部分，与地表水之间的转化关系在脆弱性方面的作用仍需进一步研究。最后，由于资料所限，本研究仅对代表年 2000 年的地下水脆弱性进行了评价，基于长序列资料的地下水系统的脆弱性以及其演化规律仍需进一步地研究。

参 考 文 献

[1] Albinet M , Margat J. 1970. Cartographie de la Vunérabilité à la Pollution des Nappes d'eau Souterraine [C]. Orléans, France, Bull BRGM 2 ème Série, 13-22.

[2] Aller L, Bennett T, Lehr J H, et al. 1985. DRASTIC-a standardized system for evaluating ground water pollution potential using hydrogeologic settings [M]. U. S. Environmental Protection Agency, Robert S. Kerr Environmental Research Laboratory, Office of Research and Development, EPA/600/2-85/018, 163.

[3] Brouwer F, Falkenmark M. 1989. Climate-induced water availability changes in Europe [J]. Environmental Monitoring and Assessment, 13 (1): 75-98.

[4] Doerfliger N J, Eannin P Y, Zwahlen F. 1999. Water vulnerability assessment in karst environments: a new method of defining protection areas using a multi-attribute approach and GIS tools [J]. Environmental Geology, 39 (2) : 165-176.

[5] Evans D D, Thames J L. 1981. Water in desert ecosystems [M]. America: Academic Press.

[6] Farley K A, Tague C, Grant G E. 2011. Vulnerabiliy of water supply from the Oregon Cascades to changing climate: Linking science to users and policy [J]. Global Environmental change, 21 (1): 110-122.

[7] Foster S S D. 1987. Vulnerability of soil and groundwater to pollutions [J]. Hydrological Proceedings and Information, 20 (17): 116-121.

[8] Gogu R C, Dassargues A. 2000. Current trends and future challenges in groundwater vulnerability assessment using overlay and index methods [J]. Environmental Geology, 39 (6) : 549-559.

[9] Hirsch, R M. , Slack J R, Smith R A. 1982. Techniques of trend analysis for monthly water quality data [J]. Water Resource Research, 18 (1): 107-121.

[10] Hrkal J M. 1994. Trouilard-Use of GIS for optimalization human activity in a catchment area: A xample of the Beauce region (France) [J] · Environmental Geology, 24: 22-27.

[11] Hurd B, Leary N, Smith J. 2000. Relative regional vulnerability of water resources to climate change [J]. Water Resources Journal, 204: 17-28.

[12] Kelkar U, Narula K K, Sharma V P, et al. 2008. Vulnerability and adaptation to climate variability and water stress in Uttarakhand State, India [J]. Global Environmental Change-Human and Policy Dimensions, 18 (4): 564-574.

[13] Kovshar A F, Zatoka A L. 1991. Localization and Infrastrastructure of Pressves in the Arid Area of the USSR [J]. Probiemy Osvoeniya Pustyn, 155-161.

[14] Lasserre F, RAzack M, Banton O. 1999. A GIS-linked model for the assessment of nitrate contamination in groundwater [J]. Journal of Hydrology, 224: 81-90.

[15] Liu C Z. 2003. The Vulnerability of Water Resources in Northwest China [J]. Jour-

nal of Glaciology and Geocryology, 25 (6): 309 - 314.

[16] Lobo - ferreira J P, Oliveria M M. 1997. DRASTIC groundwater vulnerability mapping of Portugal. Proceedings Congress of International Association of Hydraulic Research, IAHR Groundwater [C]. Anendangered Resource Proceedings of the 1 997 27th Congress of international Association of Hydraulic Research. IAHR: 1997, (PART C), 132 - 137.

[17] Michael R, Burkart, Dana W, Kolpin, etal. 1999. Assessing in groundwater vulnerability to agrichemical contamination in the midweat U. S. Wat. Sci>TECH, 39 (3): 103 - 112.

[18] Mirauda D, Ostoich M. 2011. Surface water vulnerability assessment applying the integrity model as a decision support system for quality improvement [J]. Environmental Impact Assessment Review, 31 (3): 161 - 171.

[19] Moody J, Darken C. 1989. Fast Learning in Networks of Locally - tuned Processing [J]. Neural Computation, 1: 281 - 294.

[20] Perveen S, James L A. 2011. Scale invariance of water stress and scarcity indicators : Facilitating cross - scale comparisons of water resources vulnerability [J]. Applied Geography, 31 (1): 321 - 328.

[21] Rao P S C, Aelly W M. 1993. Pesticides: in regional ground - water quality [M]. Van Nostrand Reinhold, New York, 248 - 249.

[22] Sophocleous M, Ma T. 1998. A desion support model to assess vulnerability to salt water intrudion in the Great Beng Prairie aquifer of Kansas [J]. Ground Water, 36 (3): 476 - 483.

[23] Sullivan C A. 2010. Quantifying water vulnerability : a multi - dimensional approach [J]. Stochastic Environmental Research & Assessment, 25 (4): 627 - 640.

[24] Surendra N K. 1998. A global outlook for the water resources to the year 2025 [J]. Water Resources Management, 12: 167 - 284.

[25] Tesoriero A J, Voss F D. 1997. Predicting the probability of elevated nitrate concentrations in the Puget Sound Basin: Implications for aquifer susceptibility and vulnerability [J] · Ground Water, 35 (6): 1029 - 1039.

[26] Thian Y G. 2000. Reducing vulnerability of water resources of Canadian to potential droughts and possible climatic warming [J]. Water resources Management, 14: 111 - 135.

[27] Vorosmarty C J, Green P, Salisbury J, et al. 2000. Global water resources: vulnerability from climate change and population growth [J]. Science, 289 (5477): 284 - 288.

[28] Vrba J, Zaporozec A. 1994. Guidebook on mapping groundwater vulnerability [M]. 16. International Contributions to Hydrogeology, Hannover, GFR.

[29] Zektser I S, Belousova A P, Dudov V Y. 1999. Regional assessment and mapping of groundwater vulnerability to contamination [J]. Environmental Geology, 25: 225 - 231.

[30] Zhou J B, Zou J. 2010. Vulnerability assessment of water resources to climate change

in Chinese cities [J]. Ecological Economy, 6 (2): 106 - 114.

[31] 卞建民. 2004. 霍林河流域中下游地区水资源环境综合研究 [D]. 贵阳: 中国科学院地球化学研究所.

[32] 陈葆仁. 1996. 人类活动对地下水的影响 [J]. 水文地质工程地质, 2: 1 - 4.

[33] 陈崇德, 李云峰. 2009. 漳河水库灌区水资源脆弱性分析 [J]. 长江工程职业技术学院学报, 26 (4): 1 - 4.

[34] 陈康宁, 董增川, 崔志清. 2008. 基于分形理论的区域水资源系统脆弱性评价 [J]. 水资源保护, 24 (3): 24 - 27.

[35] 陈梦熊, 马凤山. 2002. 中国地下水资源与环境 [M]. 北京: 地震出版社.

[36] 陈梦熊. 2001. 地下水资源图编图方法指南 [M]. 北京: 地质出版社.

[37] 陈攀, 李兰, 周文财. 2011. 水资源脆弱性及评价方法国内外研究进展 [J]. 水资源保护, 27 (5): 32 - 38.

[38] 陈绍军, 冯绍元, 李玉成, 等. 2005. 西北旱区水资源承载力评价指标体系初步探研究 [C]. 西安: 全国第三届水问题研究学术研讨会.

[39] 陈守煜, 伏广涛, 周惠成, 等. 2002. 含水层脆弱性模糊分析评价模型与方法 [J]. 水利学报, 7: 23 - 30.

[40] 陈岩. 2016. 流域水资源脆弱性评与适应性治理研究框架 [J]. 人民长江, 47 (17): 30 - 35.

[41] 陈忠. 2005. 现代系统科学 [M]. 上海: 上海科学技术文献出版社.

[42] 从爽. 1998. 面向 MATLAB 工具箱的神经网络理论与应用 [M]. 合肥: 中国科学技术大学出版社.

[43] 崔东文. 2013. 基于改进 BP 神经网络模型的云南文山州水资源脆弱性综合评价 [J]. 长江科学院院报, 30 (3): 1 - 7.

[44] 崔循臻, 贾生海. 2013. 石羊河流域水资源脆弱性评价 [J]. 安徽农业科学, 41 (24): 10098 - 10100.

[45] 崔亚莉, 邵景力, 韩双平. 2001. 西北地区地下水的地质生态环境调节作用研究 [J]. 地学前缘, 8 (3): 191 - 196.

[46] 邓慧平, 赵明华. 2001. 气候变化对莱州湾地区水资源脆弱性的影响 [J]. 自然资源学报, 16 (1): 9 - 15.

[47] 邓聚龙. 1990. 灰色系统理论教程 [M]. 武汉: 华中理工大学出版社.

[48] 董四方, 董增川, 陈康宁. 2010. 基于 DPSIR 概念模型的水资源系统脆弱性分析 [J]. 水资源保护, 26 (4): 1 - 4.

[49] 杜玉娇. 2013. 莫索湾灌区地下水水位动态变化及数值模拟研究 [D]. 石河子: 石河子大学.

[50] 范锡朋. 1991. 西北内陆平原水资源开发引起的区域水文效应及其对环境的影响 [J]. 地理学报, 46 (4): 415 - 426.

[51] 冯起, 程国栋, 谭志刚. 1998. 荒漠绿洲植被生长与生态地下水位的研究 [J]. 中国沙漠, 18 (增刊): 106 - 109.

[52] 冯少辉, 李靖, 朱振峰, 等. 2010. 云南省滇中地区水资源脆弱性评价 [J]. 水资源保护, 26 (1): 13 - 16.

[53] 付素蓉, 王焰新, 蔡鹤生, 等. 2000. 城市地下水污染敏感性分析 [J]. 地球科学一

中国地质大学学报，25（5）：482-486.
[54] 甘肃省地质矿产局地质科学研究所. 1984. 甘肃省河西走廊地下水分布规律与合理开发利用研究 [R].
[55] 甘肃省地质矿产局第二水文地质队，中国地质矿产经济研究院. 1992. 甘肃省石羊河流域环境现状评价及劣化经济损失 [R].
[56] 甘肃省水利科学研究所，合肥工业大学土木工程系. 1991. 石羊河流域水资源优化调配研究报告 [R].
[57] 甘肃省水利水电勘测设计院. 1986. 甘肃河西内陆河流域地下水资源评价 [R].
[58] 甘肃省水利水电勘测设计研究院. 2003. 石羊河流域水资源利用与节水规划 [R].
[59] 甘肃省水文水资源勘测局，甘肃省环境监测中心. 1996. 石羊河流域水环境质量调查评价 [R].
[60] 高学军，赵昌瑞. 2003. 石羊河流域出山径流演变趋势分析 [J]. 甘肃水利水电技术，39（4）：85-88.
[61] 郭永海，沈照理，钟佐燊. 1996. 河北平原地下水有机氯污染及其与防污性能的关系 [J]. 水文地质与工程地质，23（1）：40-42.
[62] 郭跃东，何岩，邓伟，等. 2004. 扎龙河滨湿地水系统脆弱性特征及影响因素分析 [J]. 湿地科学，2（1）：47-53.
[63] 贺新春. 2003. 区域地下水环境脆弱性评价 [D]. 郑州：华北水利水电学院.
[64] 环境水文地质理论及方法研究. 1987. 中国地质学会首届环境水文地质学术讨论会论文选编 [C]. 北京：地质出版社.
[65] 黄淑芳. 2003. 福建省脆弱生态环境评价 [D]. 福州：福建师范大学.
[66] 黄友波，郑冬燕，夏军，等. 2004. 黑河地区水资源脆弱性及其生态问题分析 [J]. 水资源与水工程学报，15（1）：32-37.
[67] 姜桂华. 2002. 地下水脆弱性研究进展 [J]. 世界地质，1：33-38.
[68] 蒋火华，梁德华，吴贞丽. 2000. 河流水环境质量综合评价方法比较研究 [J]. 干旱环境监测，14（3）：139-142.
[69] 蒋益平. 1996. 一种新的水文地质图件——地下水易污性图简介 [J]. 世界地质，15（3）：71-73.
[70] 康尔泗，程国栋，蓝永超. 1999. 西北干旱区内陆河流域出山口径流变化趋势对气候变化的响应模型 [J]. 中国科学 D 辑，29（增刊 1）：47-54.
[71] 康剑，艾静. 2014. 回归分析法在卫宁平原地下水脆弱性研究中的应用 [J]. 中国水运，14（3）：230-231，266.
[72] 康绍忠，粟小玲，杨秀英，等. 2005. 石羊河流域水资源合理配置及节水生态农业理论与技术集成研究的总体框架 [J]. 水资源与水工程学报，1：1-9.
[73] 匡洋，夏军，张利平，等. 2012. 海河流域水资源脆弱性理论及评价 [J]. 水资源研究，1：320-325.
[74] 雷静，张思聪. 2003. 唐山市平原区地下水脆弱性评价研究 [J]. 环境科学学报，1：94-99.
[75] 雷静. 2002. 地下水环境脆弱性研究 [D]. 北京：清华大学.
[76] 李凤霞，郭建平. 2006. 水资源脆弱性的研究进展 [J]. 气象科技，34（6）：731-734.

[77] 李克让，陈育峰．1996．全球气候变化下中国森林的脆弱性分析［J］．地理学报，51：40－49．

[78] 李涛．2004．基于 MapInfo 的大沽河地下水库脆弱性评价［D］．青岛：中国海洋大学．

[79] 李洋，魏晓妹，孙艳伟．2007．石羊河流域水文要素变化特征分析［J］．水文，27（3）：85－88．

[80] 李洋．2008．石羊河流域水循环要素变化特征研究［D］．杨凌：西北农林科技大学．

[81] 李玉芳，刘海隆，刘洪光．2014．塔里木河流域水资源脆弱性评价［J］．中国农村水利水电，4：90－93．

[82] 林山杉，武健强，张勃夫．2000．地下水环境脆弱程度图编图方法研究［J］．水文地质工程地质，27（3）：6－8．

[83] 林山杉．1997．地下水脆弱性的概念及评价［J］．长春地质学院学报，27（supl）：45－47．

[84] 林学钰，陈梦熊，王兆馨，等．2000．松嫩盆地地下水资源与可持续发展研究［M］．北京：地震出版社．

[85] 刘海娇，仕玉治，范明元，等．2012．基于 GIS 的黄河三角洲水资源脆弱性评价［J］．水资源保护，28（1）：34－37．

[86] 刘绿柳．2002．资源脆弱性及其定量评价［J］．水土保持通报，22（2）：41－44．

[87] 刘仁涛．2007．三江平原地下水脆弱性研究［D］．哈尔滨：东北农业大学．

[88] 刘蕊蕊，魏晓妹．2010．石羊河流域水循环要素变化特征研究［J］．水资源与水工程学报，21（6）：33－36．

[89] 刘少玉，卢耀如．2002．黑河中、下游盆地地下水系统与水资源开发的资源环境效应［J］．地理与国土研究，4：91－96．

[90] 刘淑芳，郭永海．1996．区域地下水防污性能评价方法及其在河北平原的应用［J］．河北地质学院学报，1：41－45．

[91] 刘硕，冯美丽．2012．基于 GIS 技术分析水资源脆弱性［J］．太原理工大学学报，43（1）：77－82．

[92] 刘思峰，郭天榜，党耀国，等．1999．灰色系统理论及其应用［M］．北京：科学出版社．

[93] 罗定贯，王学军，郭青．2004．基于 MATLAB 实现的 ANN 方法在地下水水质评价中的应用［J］．北京大学学报（自然科学版），2：296－302．

[94] 雒新萍，夏军，邱冰，等．2013．中国东部季风区水资源脆弱性评价［J］．人民黄河，35（9）：12－14，20．

[95] 罗云启，罗毅．2001．数字化地理信息系统 MapInfo 应用大全［M］．北京：北京希望出版社．

[96] 吕彩霞，仇亚琴，贾仰文，等．2012．海河流域水资源脆弱性及其评价［J］．南水北调与水利科技，10（1）：55－59．

[97] 马芳冰，王烜，李春晖．2012．水资源脆弱性评价研究进展［J］．水资源与水工程学报，23（1）：30－37．

[98] 马富存，徐大录．2001．石羊河流域平原区地质环境监测报告［R］．甘肃：甘肃省水文地质工程地质勘查院．

[99] 马金珠，高前兆．2003．干旱区地下水脆弱性特征及评价方法探讨［J］．干旱区地理，1：44－48．

[100] 马金珠，高前兆．1997. 西北干旱区内陆河流域水资源系统与生态环境问题 [J]. 干旱区资源与环境，11 (4)：15 - 21.

[101] 马静．2012. 变化环境下水资源系统脆弱性评价方法及应用研究 [D]. 大连：辽宁师范大学．

[102] 马鹏里，杨兴国，陈瑞生，等．2006. 农作物需水量随气候变化的响应研究 [J]. 西北植物学报，2：347 - 353.

[103] 阮俊，肖兴平，郑宝锋，等．2008. GIS 技术在地下水系统脆弱性编图示范中的应用 [J]. 地理空间信息，6 (4)：55 - 57.

[104] 任宪韶．1999. 面向 21 世纪的海河水利 [M]. 天津：天津科学技术出版社．

[105] 任小荣．2007. 银川平原地下水脆弱性评价 [D]. 西安：长安大学．

[106] 商彦蕊，史培军．1998. 人为因素在农业旱灾形成过程中所起作用的探讨——以河北省旱灾脆弱性研究为例 [J]. 自然灾害学报，7 (4)：35 - 43.

[107] 商彦蕊．2000. 自然灾害综合研究的新进展-脆弱性研究 [J]. 地域研究与开发，19 (2)：73 - 77.

[108] 沈珍瑶，杨志峰，曹瑜．2003. 环境脆弱性研究述评 [J]. 地质科技情报，3.

[109] 师彦武．2000. 石羊河流域水资源开发的水土环境效应评价研究 [D]. 杨凌：西北农林科技大学．

[110] 史基安，赵兴东，王琪，等．1998. 石羊河流域地下水化学环境演化特征研究 [J]. 沉积学报，16 (2)：145 - 149.

[111] 史正涛，曾建军，刘新有，等．2013. 基于模糊综合评判的高原盆地城市水源地脆弱性评价 [J]. 冰川冻土，5：1276 - 1282.

[112] 孙才志，潘俊．1999. 下水脆弱性的概念、评价方法与研究前景 [J]. 水科学进展，10 (4)：444 - 449.

[113] 孙才志，林山杉．2000. 地下水脆弱性概念的发展过程与评价现状及研究前景 [J]. 吉林地质，19 (1)：30 - 36.

[114] 孙才志，奚旭．2014. 不确定条件下的下辽河平原地下水本质脆弱性评价 [J]. 水利水电科技进展，34 (5)：1 - 7.

[115] 唐国平，李秀彬，刘燕华．2000. 全球气候变化下水资源脆弱性及其评估方法 [J]. 地球科学进展，15 (3)：313 - 317.

[116] 唐剑锋，周正，胡圣．2014. 丹江口水源区水资源脆弱性评价 [J]. 人民长江，45 (18)：5 - 10.

[117] 王根绪，刘进其，陈玲．2006. 黑河流域典型区土地利用格局变化及影响比较 [J]. 地理学报，4：339 - 348.

[118] 王开录，王国文．2005. 石羊河河道生态环境系统存在的问题及维护对策 [C]. 石羊河流域水资源合理配置与节水农业建设学术研讨会论文集，8：62 - 66.

[119] 王丽红，王开章，李晓，等．2008. 地下水水源地脆弱性评价研究 [J]. 中国农村水利水电，11：22 - 25.

[120] 王沫然．2003. MATLAB 与科学计算 [M]. 北京：电子工业出版社．

[121] 王勇．2006. 基于 GIS 对祁县东观地下水资源脆弱性评价 [D]. 太原：太原理工大学.

[122] 王志杰，汪云甲，付丽莉．2005. 基于 MapInfo 的工作面开采接替专题矿图的制作

[J]. 煤炭工程，5：88－90.

[123] 魏晓妹，康绍忠，粟晓玲．2005. 石羊河流域绿洲农业发展对地表水与地下水转化关系的研究 [J]. 农业工程学报 5：38－41.

[124] 温小虎．2007. 基于 GIS 的黑河中游盆地地下水脆弱性研究 [D]. 上海：上海交通大学．

[125] 闻新，周露，王丹力，等．2003. MATLAB 神经网络仿真与应用 [M]. 北京：科学出版社．

[126] 吴登定，谢振华，林健，等．2005. 地下水污染脆弱性评价方法 [J]. 地质通报，24 (10～11)：1043－1047.

[127] 吴梅．2006. 灰色关联分析法在水磨河水环境质量评价中的应用 [D]. 乌鲁木齐：新疆农业大学．

[128] 吴青，周艳丽．2002. 黄河河源区生态环境变化及水资源脆弱性分析 [J]. 水资源保护，4：21－24.

[129] 武威地区水利处，金昌市水电局，石羊河流域规划组．1986. 石羊河流域水利规划 [R].

[130] 夏军，陈俊旭，翁建武，等．2012. 气候变化背景下水资源脆弱性研究与展望 [J]. 气候变化研究进展，8 (6)：391－396.

[131] 夏军，邱冰，潘兴瑶，等．2012. 气候变化影响下水资源脆弱性评估方法及其应用 [J]. 地球科学进展，27 (4)：443－451.

[132] 夏军，石卫，陈俊旭，等．2015. 变化环境下水资源脆弱性及其适应性调控研究-以海河流域为例 [J]. 水利水电技术，46 (6)：27－33.

[133] 夏军，翁建武，陈俊旭，等．2012. 多尺度水资源脆弱性评价研究 [J]. 应用基础与工程科学学报，20 (S)：1－14.

[134] 肖丽英，李霞．2007. 海河流域地下水系统脆弱性评价的探讨 [J]. 中国水利，15：24－27.

[135] 肖晓柏，许学工．2003. 地表水环境质量灰色关联评价方法探讨 [J]. 环境科学与技术，26 (3)：34－36.

[136] 肖兴平．2011. ArcG IS 地统计分析在地下水脆弱性评价中的应用 [J]. 测绘与空间地理信息，34 (6)：124－126.

[137] 肖兴平，佟元清，阮俊．2012. DRASTIC 模型评价地下水系统脆弱性中的 GIS 应用 [J]. 地下水，34 (4)：43－45.

[138] 许广明，张燕君．2004. 西北地区大型内陆盆地地下水系统演化特征分析 [J]. 自然资源学报，19 (6)：701－706.

[139] 许国志，等．2000. 系统科学 [M]. 上海：上海科技教育出版社．

[140] 许树柏．1988. 层次分析法原理 [M]. 天津：天津大学出版社．

[141] 严明疆．2006. 地下水系统脆弱性对人类活动响应研究——以华北滹滏平原为例 [D]. 石家庄：中国地质科学院．

[142] 严明疆，申建梅，张光辉，等．2006. 滹滏平原地下水资源脆弱性时变分析 [J]. 水土保持通报，26 (5)：46－48.

[143] 颜勇，郦建强，陆桂华，等．2005. 环境质量综合评价的 RBF 网络方法 [J]. 河海大学学报（自然科学版），1：29－31.

[144] 杨晓婷，王文科，乔晓英，等．2001. 关中盆地地下水脆弱性评价指标体系探讨[J]. 西安工程学院学报，6：46－49.

[145] 杨燕舞，张雁秋．2002. 水资源的脆弱性及区域可持续发展 [J]. 苏州城建环保学院学报，15 (4)：85－88.

[146] 姚文峰．2007. 基于过程模拟的地下水脆弱性研究 [D]. 北京：清华大学．

[147] 于翠松，郝振纯．2007. 变化环境下水资源系统脆弱性评价研究 [C]. 南京：第五届中国水论坛．

[148] 袁宏源，邵东国，郭宗楼．2010. 水资源系统分析 [M]. 武汉：武汉水利电力大学出版社．

[149] 张勃，丁文晖，孟宝．2005. 干旱土地利用的地下水水文效应分析 [J]. 干旱区地理，12：42－44.

[150] 张光辉，费宇红，刘克岩．2004. 海河平原地下水演变与对策 [M]. 北京：科学出版社．

[151] 张俊，尹立河，赵振宏．2010. 地下水系统理论研究综述 [J]. 地下水，32 (6)：27－30.

[152] 张瑞，吴林高．1997. 地下水资源评价与管理 [M]. 上海：同济大学出版社．

[153] 张昕，蒋晓东，张龙．2010. 地下水脆弱性评价方法与研究进展 [J]．地质与资源，19 (3)：253－257.

[154] 张永波．2001. 水工环研究的现状与趋势 [M]. 北京：地质出版社．

[155] 章光新．2006. 关于流域生态水文学研究的思考 [J]. 科技导报，12：42－44.

[156] 赵涣臣，许树柏，和金生．1986. 层次分析法——一种简易的新决策方法 [M]. 北京：科学出版社．

[157] 赵跃龙，张玲娟．1998. 脆弱生态环境定量评价方法的研究 [J]. 地理科学进展，17 (1)：67－72.

[158] 郑西来，吴新利，荆静．1997. 西安市潜水污染的潜在性分析与评价 [J]. 工程勘察，4：22－24.

[159] 周念清，赵露，沈新平，等．2013. 基于压力驱动模型评价长株潭地区水资源脆弱性 [J]. 同济大学学报（自然科学版），41 (7)：1061－1066.

[160] 周翔南，方洪斌，靖娟，等．2017. 区域水资源系统脆弱性评价研究 [J]. 人民黄河，39 (11)：47－52.

[161] 朱怡娟．2015. 武汉市水资源脆弱性评价研究 [D]. 武汉：华中师范大学．

[162] 朱章雄．2007. 重庆黔江地下水脆弱性评价及编图 [D]. 重庆：西南大学．

[163] 邹君，杨琴．2015. 基于 GIS/RS 的衡阳盆地农村水资源系统脆弱性动态演变研究 [J]. 中国生态农业学报，23 (12)：1597－1604.

[164] 邹君，杨玉蓉，田亚平，等．2007. 南方丘陵区农业水资源脆弱性概念与评价 [J]. 自然资源学报，22 (2)：302－310.

[165] 邹君，郑文武，杨玉蓉．2014. 基于 GIS/RS 的南方丘陵区农村水资源系统脆弱性评价——以衡阳盆地为例 [J]. 地理科学，34 (8)：1010－1017.

附　　录

附录Ⅰ　灰色关联投影评价模型程序（在 MATLAB 下运行）

1. 计算关联度

编程语句为：

```
function f=guanliandu(A)
N=[1:-0.02:0];
for j=1:51
for i=1:9
    c1=min(abs(A-N(j)));
c2=max(abs(A-N(j)));
f(j,i)=(c1+0.5*c2)/(abs(A(i)-N(j))+0.5*c2);
end
end
```

2. 计算加权矢量，及灰关联投影权值

编程语句为：

```
function f=quanzhong(w)
w=[0.10,0.08,0.06,0.05,0.05,0.15,0.15,0.08,0.28];
for i=1:9
w2(i)=w(i)^2;
end
    s=sum(w2);
    t=sqrt(s);
for i=1:9
w(i)=w2(i)/t
end
```

3. 计算各评价分区在各个等级上的投影值

编程语句为：

```
function f=touying(A)
```

```
w=[0.0254,0.0163 ,0.0091,0.0064,0.0064,0.0572,0.0572,0.0163,0.1993]';
for i=1:35
f=quanzhong (A(i,:)) * w
[Y,I]=max(f);
c(i)=0.1 * (I-1);
end
```

4. 确定各评价分区最后评价结果

编程语句为：

```
function f=chazhao(A)
(Y,I)=max(touying(A));
f=0.1 * (I-1)
```

附录Ⅱ 石羊河流域各评价分区 PTSNHURDA 字段信息

评价分区	P /mm	R /(万/km^2)	U /%	T /(万 m^3/km^2)	D /m	A /(m/a)	S /(mg/L)	N /(mg/L)	H /(mg/L)
M1	150	8.27	249	586.3	15.34	0.81	4493	25.966	1641.4
M2	100	8.27	249	425	10.96	0.69	5601	2.97	2227
M3	100	8.27	249	425	9.89	0.27	3599.8	18.17	1952.1
M4	150	8.27	249	493.6	21.39	3.15	2550.1	36.2	1961.3
M5	150	8.27	249	1133	31.87	3.92	4994	56.53	1972
M6	150	8.27	249	740.6	28.79	1.82	4994	56.53	1972
M7	150	8.27	249	1133	9.27	0.22	5079	48.079	1880.5
M8	150	8.27	249	1133	11.46	1.00	4994	56.53	1972
M9	150	8.27	249	425	18.3	0.77	3912	34	1666
M10	150	18.84	249	740	18.46	0.94	3912	34	1666
M11	150	18.84	249	1135	19.9	0.88	3587	22.1	1558.5
M12	150	18.84	249	1135	20.3	0.35	3262	10.19	1451
M13	150	18.84	249	1135.2	22.06	1.37	3262	10.19	1451
M14	150	18.84	249	1022.06	22.77	1.11	2611	30.61	594.6
M15	150	8.27	249	1014.3	9.21	1.08	2487	43.38	842.7
M16	150	18.84	249	1608.3	16.64	0.87	3262	10.19	1451
M17	150	18.84	249	977.2	19.21	0.5	850.2	1.91	430.3
M18	150	18.84	249	1371	17.44	1.00	827.46	1.674	419.9
M19	150	18.84	249	1371	19.69	0.94	1338.8	4.88	642.8
M20	150	18.84	249	1371.3	20.19	0.75	850.2	1.91	430.3
M21	150	18.84	249	1371.3	15.3	1.74	3071	15.42	1396
M22	150	18.84	249	1156.8	11.77	0.55	1205	27.91	612
M23	150	18.84	249	1409	24.98	0.89	733.4	2.34	356.5
M24	200	31.27	53	3200	12.2	0.85	1867	26.52	1211

续表

评价分区	P /mm	R /(万/km²)	U /%	T /(万 m³/km²)	D /m	A /(m/a)	S /(mg/L)	N /(mg/L)	H /(mg/L)
M25	200	37.96	53	5615.6	34.03	0.79	434.2	32.46	250.2
M26	200	37.96	53	4240.3	13.21	1.10	961.1	93.54	544.4
M27	200	37.96	53	3627	18.46	0.94	1562	158.69	882.7
M28	200	22.78	53	4677.6	6.39	0.31	756.6	62.65	434.6
M29	200	26.99	53	3995.9	23.71	0.93	488.1	30.63	285.2
M30	200	12.78	53	4474	9.08	0.76	722.8	58.86	469.1
M31	200	16.011	53	3421.8	11.97	0.33	1181.2	239.7	687.2
M32	200	9.545	53	3966.5	14.09	1.0001	802.6	25.75	470.9
M33	150	5.239	53	1989.2	17.5	0.18	646.1	4.5959	339.06
M34	150	9.545	53	3025.3	7.92	0.27	1027	3.82	600.5
M35	150	9.545	53	6459.7	9.1	0.44	2369	3.24	1593
W1	150	9.545	53	7324	14.43	0.75	1798.2	9.59	1082.2
W2	150	5.597	53	1680	3.3	1.00	1166	16.73	515.4
W3	150	5.597	53	2800	3.24	0.16	1166	16.73	515.4
W4	150	5.597	53	2724	3.21	0.23	420.3	3.34	200.2
W5	150	10.804	53	2924	2.76	0.41	786.8	6.56	157.2
W6	150	16.011	53	3029.5	9.49	0.59	1498.65	14.83	791.3
W7	200	17.82	53	3002.7	8.8	0.42	1395	44.2	828.7
W8	150	10.838	53	3267	8.13	0.22	1285.3	13.32	701.4
W9	200	22.61	53	2783.2	10.56	0.2	1716.3	56.31	1072.7
W10	200	7.25	53	2843.5	11.2	1.17	1867	26.52	1211
W11	200	61.07	53	5474	51.45	1.00	438.8	10.19	269.2
W12	200	37.96	53	1950	57.41	0.51	488.1	30.63	285.2

续表

评价分区	P /mm	R /(万/km^2)	U /%	T /(万 m^3/km^2)	D /m	A /(m/a)	S /(mg/L)	N /(mg/L)	H /(mg/L)
W13	150	8.27	249	1133	13.22	0.62	4994	56.53	1972
W14	150	18.84	249	977.2	28.06	1.03	1205	27.91	612
W15	150	5.597	249	1608.3	10.88	0.23	729.9	2.01	371.3
W16	150	5.597	249	1608.3	3.49	0.53	729.9	2.01	371.3
W17	150	5.597	249	1608.3	4.48	0.76	720.9	2.01	371.3
W18	150	18.84	249	1568.4	19.41	0.63	1983	24.2	990.8
W19	150	5.239	53	2567.7	8.94	0.30	732.4	13.2	326.3
W20	150	5.239	53	4500	20.88	0.71	613.5	7.44	330.3
W21	200	9.545	53	5790	47.19	0.57	436.4	11.72	272.2
W22	200	9.545	53	7880	14.24	0.8	802.6	25.75	40.9
W23	200	10.469	53	5940	32.71	0.38	667.4	27.85	391.1
W24	200	53.37	53	6581.5	71.98	1.12	406.5	33.41	232.2
W25	200	20.94	53	4016.6	93.97	1.00	521.9	10.05	294.7
W26	150	8.27	249	425	31.17	3.43	5534.23	8.8616	2198.95
W27	150	5.3	53	2226	18.23	0.74	872	11.1	397.5
W28	150	18.84	249	977.2	8.94	1.00	3691	37.09	1661
W29	150	18.84	249	977.2	18.58	0.63	3671	37.09	1661
W30	150	18.84	249	926.6	10.57	1.00	3168.3	39.79	1309.1
W31	150	8.27	249	740	12.53	0.33	4909	5.59	1421
W32	150	8.27	249	1135	9.21	1.08	4909	5.59	1421
W33	150	5.239	53	2316.8	17.85	0.71	976.9	5.41	553.9
W34	150	5.239	53	2004.3	11.66	0.25	800.4	3.32	466.1

附录Ⅲ　民勤盆地地下水脆弱值在各个等级上的投影值及评价结果

表Ⅲ.1　民勤盆地地下水系统地下水脆弱值在各个等级上的投影值及评价结果（M1～M9）

分区	M1	M2	M3	M4	M5	M6	M7	M8	M9
0	0.254	0.236	0.288	0.233	0.233	0.272	0.293	0.293	0.236
0.1	0.251	0.232	0.285	0.229	0.229	0.269	0.290	0.290	0.232
0.2	0.247	0.228	0.282	0.226	0.226	0.266	0.288	0.288	0.228
0.3	0.244	0.224	0.278	0.222	0.222	0.263	0.285	0.285	0.224
0.4	0.240	0.220	0.275	0.218	0.218	0.260	0.281	0.281	0.220
0.5	0.236	0.215	0.271	0.214	0.214	0.257	0.278	0.278	0.215
0.6	0.232	0.211	0.267	0.209	0.209	0.253	0.274	0.274	0.210
0.7	0.227	0.206	0.263	0.205	0.205	0.250	0.270	0.270	0.205
0.8	0.223	0.200	0.258	0.200	0.200	0.246	0.266	0.266	0.200
0.9	0.218	0.195	0.254	0.195	0.195	0.242	0.262	0.262	0.194
1.0	0.212	0.189	0.248	0.189	0.189	0.237	0.257	0.257	0.188
1.1	0.207	0.182	0.242	0.184	0.184	0.233	0.251	0.251	0.182
1.2	0.201	0.176	0.247	0.178	0.178	0.228	0.271	0.271	0.175
1.3	0.195	0.174	0.249	0.171	0.171	0.223	0.291	0.291	0.168
1.4	0.188	0.180	0.265	0.165	0.165	0.217	0.286	0.286	0.176
1.5	0.180	0.189	0.287	0.160	0.160	0.211	0.284	0.284	0.187
1.6	0.173	0.198	0.298	0.169	0.169	0.205	0.289	0.289	0.195
1.7	0.174	0.209	0.292	0.179	0.179	0.198	0.294	0.294	0.186
1.8	0.181	0.220	0.285	0.190	0.190	0.191	0.300	0.300	0.176
1.9	0.192	0.233	0.290	0.184	0.184	0.183	0.306	0.306	0.175
2.0	0.205	0.246	0.295	0.175	0.175	0.175	0.313	0.313	0.187
2.1	0.218	0.260	0.301	0.165	0.165	0.165	0.320	0.320	0.199
2.2	0.232	0.276	0.307	0.167	0.167	0.170	0.329	0.329	0.213
2.3	0.248	0.294	0.314	0.178	0.178	0.183	0.338	0.338	0.228
2.4	0.266	0.313	0.300	0.191	0.191	0.198	0.315	0.315	0.245

续表

分区	M1	M2	M3	M4	M5	M6	M7	M8	M9
2.5	0.285	0.334	0.273	0.204	0.204	0.215	0.293	0.293	0.264
2.6	0.307	0.358	0.246	0.218	0.218	0.206	0.272	0.272	0.284
2.7	0.301	0.366	0.220	0.234	0.234	0.193	0.251	0.251	0.301
2.8	0.293	0.362	0.195	0.252	0.252	0.180	0.230	0.230	0.293
2.9	0.284	0.357	0.178	0.248	0.248	0.172	0.209	0.209	0.284
3.0	0.274	0.353	0.192	0.237	0.237	0.191	0.193	0.193	0.274
3.1	0.263	0.349	0.212	0.226	0.226	0.213	0.182	0.182	0.266
3.2	0.251	0.347	0.233	0.214	0.214	0.233	0.193	0.193	0.262
3.3	0.246	0.344	0.253	0.206	0.206	0.217	0.215	0.215	0.257
3.4	0.241	0.342	0.273	0.200	0.200	0.199	0.209	0.209	0.253
3.5	0.236	0.340	0.267	0.195	0.195	0.183	0.199	0.199	0.248
3.6	0.252	0.337	0.256	0.224	0.224	0.222	0.218	0.218	0.285
3.7	0.293	0.335	0.246	0.255	0.255	0.264	0.237	0.237	0.324
3.8	0.326	0.333	0.237	0.259	0.259	0.270	0.235	0.235	0.333
3.9	0.320	0.331	0.228	0.253	0.253	0.262	0.224	0.224	0.328
4.0	0.331	0.336	0.223	0.259	0.259	0.271	0.223	0.223	0.338
4.1	0.334	0.345	0.236	0.262	0.262	0.303	0.223	0.223	0.341
4.2	0.344	0.353	0.219	0.287	0.287	0.288	0.222	0.222	0.330
4.3	0.308	0.338	0.231	0.312	0.312	0.317	0.226	0.226	0.323
4.4	0.315	0.310	0.243	0.322	0.322	0.319	0.216	0.216	0.323
4.5	0.290	0.303	0.234	0.312	0.312	0.331	0.227	0.227	0.296
4.6	0.302	0.314	0.221	0.303	0.303	0.329	0.215	0.215	0.305
4.7	0.293	0.294	0.224	0.316	0.316	0.319	0.225	0.225	0.298
4.8	0.275	0.282	0.217	0.318	0.318	0.300	0.216	0.216	0.281
4.9	0.282	0.287	0.223	0.339	0.339	0.306	0.221	0.221	0.287
5.0	0.287	0.292	0.229	0.327	0.327	0.312	0.227	0.227	0.292
ER	4.2	2.7	2.3	4.9	4.9	4.5	2.3	4.1	4.1

表Ⅲ.2　　民勤盆地地下水系统地下水脆弱值在各个等级上的投影值及评价结果（M10～M18）

分区	M10	M11	M12	M13	M14	M15	M16	M17	M18
0	0.277	0.283	0.337	0.292	0.298	0.219	0.219	0.235	0.211
0.1	0.274	0.280	0.336	0.290	0.296	0.215	0.215	0.231	0.207
0.2	0.271	0.277	0.334	0.288	0.293	0.210	0.210	0.227	0.202
0.3	0.268	0.274	0.332	0.285	0.291	0.206	0.206	0.222	0.197
0.4	0.265	0.271	0.331	0.282	0.288	0.201	0.201	0.217	0.192
0.5	0.262	0.268	0.329	0.279	0.285	0.196	0.196	0.212	0.186
0.6	0.258	0.264	0.327	0.276	0.283	0.191	0.191	0.206	0.181
0.7	0.254	0.261	0.325	0.273	0.280	0.185	0.185	0.200	0.174
0.8	0.250	0.257	0.322	0.270	0.276	0.179	0.179	0.194	0.168
0.9	0.246	0.253	0.320	0.266	0.273	0.173	0.173	0.187	0.171
1.0	0.241	0.249	0.317	0.262	0.269	0.167	0.167	0.188	0.181
1.1	0.237	0.244	0.315	0.258	0.265	0.160	0.160	0.200	0.192
1.2	0.231	0.239	0.311	0.254	0.261	0.168	0.168	0.213	0.203
1.3	0.226	0.234	0.308	0.250	0.257	0.177	0.177	0.227	0.216
1.4	0.220	0.228	0.305	0.245	0.252	0.187	0.187	0.242	0.211
1.5	0.214	0.222	0.301	0.240	0.247	0.198	0.198	0.245	0.204
1.6	0.207	0.216	0.296	0.234	0.242	0.209	0.209	0.238	0.196
1.7	0.200	0.209	0.392	0.228	0.236	0.221	0.221	0.231	0.188
1.8	0.192	0.201	0.286	0.221	0.230	0.234	0.234	0.222	0.182
1.9	0.189	0.193	0.280	0.214	0.223	0.248	0.248	0.213	0.196
2.0	0.205	0.186	0.274	0.207	0.216	0.264	0.264	0.222	0.210
2.1	0.195	0.201	0.293	0.198	0.208	0.271	0.271	0.242	0.227
2.2	0.202	0.219	0.321	0.189	0.199	0.264	0.264	0.264	0.246
2.3	0.219	0.238	0.315	0.198	0.195	0.257	0.257	0.281	0.237
2.4	0.230	0.230	0.318	0.202	0.215	0.249	0.249	0.272	0.227
2.5	0.218	0.219	0.322	0.217	0.219	0.240	0.240	0.262	0.216

续表

分区	M10	M11	M12	M13	M14	M15	M16	M17	M18
2.6	0.205	0.208	0.287	0.204	0.207	0.231	0.231	0.251	0.205
2.7	0.215	0.219	0.288	0.214	0.218	0.221	0.221	0.250	0.216
2.8	0.230	0.237	0.296	0.230	0.235	0.209	0.209	0.269	0.197
2.9	0.248	0.247	0.294	0.239	0.222	0.196	0.196	0.264	0.221
3.0	0.268	0.227	0.255	0.217	0.200	0.187	0.187	0.288	0.248
3.1	0.273	0.206	0.219	0.195	0.210	0.213	0.213	0.326	0.269
3.2	0.254	0.200	0.213	0.200	0.232	0.246	0.246	0.329	0.259
3.3	0.234	0.219	0.225	0.223	0.239	0.263	0.263	0.318	0.250
3.4	0.220	0.224	0.198	0.207	0.215	0.257	0.257	0.322	0.252
3.5	0.210	0.211	0.176	0.182	0.190	0.252	0.252	0.294	0.256
3.6	0.246	0.249	0.196	0.218	0.226	0.285	0.285	0.303	0.282
3.7	0.284	0.288	0.214	0.255	0.269	0.320	0.320	0.312	0.309
3.8	0.307	0.330	0.232	0.295	0.286	0.327	0.327	0.320	0.337
3.9	0.297	0.323	0.222	0.298	0.274	0.322	0.322	0.328	0.338
4.0	0.289	0.314	0.203	0.287	0.263	0.331	0.331	0.336	0.330
4.1	0.310	0.306	0.187	0.278	0.288	0.336	0.336	0.343	0.323
4.2	0.309	0.294	0.186	0.292	0.304	0.343	0.343	0.334	0.324
4.3	0.302	0.306	0.198	0.306	0.313	0.350	0.350	0.313	0.331
4.4	0.302	0.286	0.184	0.296	0.324	0.357	0.357	0.294	0.338
4.5	0.273	0.275	0.198	0.304	0.335	0.362	0.362	0.277	0.338
4.6	0.284	0.289	0.213	0.316	0.302	0.335	0.335	0.262	0.316
4.7	0.278	0.274	0.201	0.286	0.274	0.311	0.311	0.248	0.296
4.8	0.260	0.256	0.192	0.265	0.254	0.293	0.293	0.238	0.280
4.9	0.267	0.264	0.200	0.272	0.263	0.298	0.298	0.244	0.285
5.0	0.274	0.270	0.207	0.279	0.270	0.303	0.303	0.250	0.290
ER	4.1	3.8	1.7	4.6	4.5	4.5	3.9	4.1	4.5

表Ⅲ.3　民勤盆地地下水系统地下水脆弱值在各个等级上的投影值及评价结果（M19～M27）

分区	M19	M20	M21	M22	M23	M24	M25	M26	M27
0	0.282	0.221	0.253	0.251	0.230	0.241	0.320	0.285	0.192
0.1	0.280	0.217	0.250	0.247	0.226	0.237	0.318	0.282	0.187
0.2	0.277	0.212	0.246	0.243	0.221	0.233	0.317	0.279	0.182
0.3	0.274	0.208	0.243	0.239	0.217	0.229	0.315	0.275	0.177
0.4	0.271	0.202	0.239	0.235	0.212	0.225	0.313	0.272	0.171
0.5	0.267	0.197	0.235	0.230	0.207	0.221	0.311	0.268	0.174
0.6	0.264	0.192	0.231	0.226	0.202	0.216	0.308	0.264	0.182
0.7	0.260	0.186	0.226	0.221	0.196	0.211	0.306	0.259	0.191
0.8	0.257	0.179	0.222	0.215	0.190	0.206	0.304	0.254	0.187
0.9	0.252	0.173	0.217	0.210	0.184	0.200	0.301	0.249	0.179
1.0	0.248	0.173	0.211	0.203	0.177	0.194	0.298	0.243	0.171
1.1	0.243	0.184	0.206	0.197	0.170	0.188	0.295	0.263	0.180
1.2	0.239	0.195	0.200	0.190	0.178	0.182	0.292	0.263	0.190
1.3	0.233	0.207	0.193	0.183	0.190	0.175	0.289	0.274	0.201
1.4	0.228	0.220	0.186	0.191	0.202	0.167	0.286	0.294	0.212
1.5	0.222	0.232	0.179	0.204	0.215	0.171	0.282	0.289	0.225
1.6	0.215	0.225	0.171	0.217	0.230	0.181	0.278	0.290	0.238
1.7	0.208	0.218	0.181	0.232	0.246	0.192	0.274	0.295	0.253
1.8	0.200	0.210	0.194	0.248	0.250	0.205	0.269	0.301	0.253
1.9	0.192	0.201	0.208	0.266	0.243	0.218	0.264	0.308	0.245
2.0	0.191	0.192	0.223	0.277	0.236	0.232	0.258	0.313	0.237
2.1	0.206	0.203	0.240	0.270	0.228	0.248	0.252	0.287	0.229
2.2	0.223	0.221	0.235	0.262	0.220	0.266	0.246	0.262	0.219
2.3	0.241	0.241	0.226	0.254	0.211	0.281	0.239	0.238	0.209
2.4	0.231	0.236	0.217	0.245	0.208	0.273	0.231	0.214	0.198

续表

分区	M19	M20	M21	M22	M23	M24	M25	M26	M27
2.5	0.219	0.226	0.207	0.235	0.210	0.265	0.222	0.201	0.196
2.6	0.207	0.214	0.196	0.224	0.216	0.257	0.212	0.210	0.215
2.7	0.218	0.210	0.192	0.238	0.226	0.248	0.226	0.220	0.244
2.8	0.235	0.220	0.206	0.260	0.242	0.237	0.210	0.230	0.274
2.9	0.255	0.212	0.222	0.281	0.260	0.226	0.212	0.242	0.306
3.0	0.268	0.240	0.241	0.262	0.284	0.213	0.221	0.257	0.335
3.1	0.249	0.268	0.235	0.247	0.275	0.198	0.225	0.243	0.332
3.2	0.229	0.265	0.215	0.248	0.263	0.220	0.200	0.230	0.329
3.3	0.208	0.254	0.204	0.284	0.253	0.258	0.221	0.218	0.327
3.4	0.211	0.256	0.206	0.300	0.243	0.259	0.223	0.207	0.324
3.5	0.215	0.260	0.209	0.291	0.251	0.253	0.196	0.197	0.321
3.6	0.251	0.287	0.237	0.322	0.279	0.292	0.224	0.201	0.322
3.7	0.288	0.316	0.266	0.318	0.307	0.334	0.222	0.215	0.329
3.8	0.312	0.338	0.296	0.298	0.337	0.343	0.210	0.231	0.340
3.9	0.300	0.328	0.292	0.308	0.332	0.337	0.264	0.246	0.350
4.0	0.289	0.320	0.282	0.281	0.323	0.341	0.257	0.250	0.346
4.1	0.307	0.318	0.273	0.282	0.315	0.349	0.296	0.239	0.325
4.2	0.309	0.326	0.293	0.293	0.320	0.320	0.293	0.229	0.307
4.3	0.319	0.334	0.310	0.303	0.328	0.321	0.306	0.220	0.291
4.4	0.330	0.341	0.310	0.314	0.336	0.303	0.319	0.230	0.300
4.5	0.325	0.325	0.320	0.295	0.329	0.314	0.323	0.241	0.309
4.6	0.297	0.304	0.329	0.276	0.306	0.294	0.288	0.238	0.302
4.7	0.273	0.285	0.313	0.259	0.286	0.290	0.260	0.226	0.286
4.8	0.255	0.270	0.291	0.246	0.271	0.278	0.240	0.217	0.273
4.9	0.263	0.276	0.296	0.253	0.276	0.284	0.249	0.222	0.278
5.0	0.269	0.281	0.301	0.259	0.281	0.290	0.258	0.228	0.282
ER	4.4	4.4	4.6	3.6	3.8	4.1	4.5	2.0	3.9

表Ⅲ.4　　民勤盆地地下水系统地下水脆弱值在各个等级上的投影值及评价结果（M28～M35）

分区	M28	M29	M30	M31	M32	M33	M34	M35
0	0.192	0.282	0.222	0.226	0.278	0.235	0.288	0.220
0.1	0.187	0.279	0.218	0.222	0.275	0.231	0.285	0.216
0.2	0.182	0.276	0.214	0.218	0.272	0.227	0.282	0.211
0.3	0.177	0.273	0.210	0.213	0.269	0.223	0.279	0.207
0.4	0.171	0.270	0.206	0.209	0.266	0.218	0.275	0.202
0.5	0.165	0.267	0.202	0.204	0.262	0.214	0.272	0.197
0.6	0.165	0.263	0.197	0.199	0.259	0.209	0.268	0.192
0.7	0.173	0.259	0.192	0.193	0.255	0.203	0.264	0.186
0.8	0.178	0.255	0.187	0.187	0.251	0.198	0.259	0.181
0.9	0.171	0.251	0.182	0.181	0.247	0.192	0.254	0.174
1.0	0.163	0.247	0.176	0.174	0.242	0.186	0.249	0.168
1.1	0.170	0.242	0.170	0.171	0.237	0.179	0.244	0.161
1.2	0.180	0.237	0.163	0.180	0.232	0.172	0.238	0.169
1.3	0.189	0.232	0.157	0.191	0.226	0.179	0.231	0.179
1.4	0.200	0.226	0.163	0.202	0.220	0.190	0.229	0.189
1.5	0.211	0.220	0.172	0.214	0.214	0.202	0.248	0.200
1.6	0.223	0.213	0.181	0.227	0.207	0.215	0.269	0.205
1.7	0.236	0.206	0.192	0.242	0.199	0.229	0.292	0.197
1.8	0.233	0.198	0.200	0.258	0.191	0.244	0.289	0.188
1.9	0.225	0.189	0.191	0.262	0.187	0.261	0.282	0.178
2.0	0.216	0.192	0.182	0.255	0.202	0.257	0.275	0.168
2.1	0.207	0.208	0.173	0.248	0.218	0.250	0.286	0.171
2.2	0.198	0.226	0.163	0.240	0.237	0.242	0.292	0.184
2.3	0.187	0.241	0.162	0.232	0.242	0.234	0.298	0.199
2.4	0.176	0.231	0.175	0.223	0.232	0.225	0.304	0.215

续表

分区	M28	M29	M30	M31	M32	M33	M34	M35
2. 5	0. 175	0. 220	0. 188	0. 213	0. 222	0. 215	0. 311	0. 233
2. 6	0. 191	0. 209	0. 203	0. 202	0. 211	0. 205	0. 319	0. 249
2. 7	0. 210	0. 220	0. 217	0. 214	0. 223	0. 211	0. 328	0. 239
2. 8	0. 237	0. 238	0. 206	0. 220	0. 229	0. 206	0. 338	0. 229
2. 9	0. 264	0. 259	0. 195	0. 199	0. 208	0. 223	0. 328	0. 217
3. 0	0. 289	0. 283	0. 183	0. 213	0. 217	0. 241	0. 298	0. 208
3. 1	0. 284	0. 273	0. 169	0. 241	0. 239	0. 269	0. 271	0. 203
3. 2	0. 280	0. 254	0. 186	0. 269	0. 265	0. 269	0. 251	0. 222
3. 3	0. 276	0. 234	0. 215	0. 263	0. 250	0. 258	0. 233	0. 255
3. 4	0. 273	0. 216	0. 211	0. 253	0. 234	0. 248	0. 218	0. 256
3. 5	0. 269	0. 229	0. 204	0. 245	0. 223	0. 240	0. 204	0. 250
3. 6	0. 282	0. 251	0. 231	0. 273	0. 263	0. 269	0. 225	0. 283
3. 7	0. 308	0. 292	0. 260	0. 303	0. 304	0. 300	0. 246	0. 317
3. 8	0. 338	0. 322	0. 263	0. 326	0. 324	0. 328	0. 242	0. 323
3. 9	0. 347	0. 311	0. 256	0. 317	0. 315	0. 320	0. 229	0. 317
4. 0	0. 341	0. 310	0. 261	0. 310	0. 307	0. 313	0. 227	0. 326
4. 1	0. 342	0. 318	0. 284	0. 320	0. 304	0. 314	0. 241	0. 350
4. 2	0. 348	0. 282	0. 306	0. 320	0. 285	0. 322	0. 242	0. 340
4. 3	0. 325	0. 294	0. 295	0. 324	0. 294	0. 314	0. 226	0. 341
4. 4	0. 333	0. 307	0. 285	0. 318	0. 289	0. 306	0. 217	0. 319
4. 5	0. 340	0. 316	0. 304	0. 293	0. 262	0. 316	0. 230	0. 328
4. 6	0. 331	0. 290	0. 326	0. 302	0. 275	0. 314	0. 240	0. 334
4. 7	0. 310	0. 267	0. 318	0. 295	0. 270	0. 292	0. 227	0. 311
4. 8	0. 294	0. 251	0. 321	0. 279	0. 253	0. 276	0. 217	0. 293
4. 9	0. 299	0. 259	0. 342	0. 285	0. 261	0. 281	0. 224	0. 298
5. 0	0. 303	0. 265	0. 330	0. 289	0. 267	0. 286	0. 230	0. 302
ER	4. 2	3. 8	3. 9	3. 8	3. 8	3. 8	2. 8	4. 1

附录Ⅳ　武威盆地地下水脆弱值在各个等级上的投影值及评价结果

表Ⅳ.1　武威盆地地下水系统地下水脆弱值在各个等级上的投影值及评价结果（W1～W9）

分区	W1	W2	W3	W4	W5	W6	W7	W8	W9
0	0.261	0.251	0.251	0.255	0.282	0.258	0.247	0.298	0.241
0.1	0.257	0.247	0.247	0.252	0.278	0.255	0.244	0.296	0.237
0.2	0.254	0.243	0.244	0.248	0.274	0.251	0.240	0.293	0.233
0.3	0.250	0.239	0.240	0.245	0.269	0.247	0.235	0.289	0.228
0.4	0.246	0.235	0.235	0.241	0.264	0.243	0.231	0.286	0.224
0.5	0.242	0.230	0.231	0.236	0.259	0.238	0.226	0.282	0.219
0.6	0.237	0.225	0.226	0.232	0.253	0.233	0.221	0.278	0.214
0.7	0.233	0.220	0.221	0.227	0.247	0.228	0.216	0.274	0.208
0.8	0.227	0.216	0.217	0.224	0.241	0.223	0.210	0.269	0.202
0.9	0.222	0.228	0.229	0.235	0.260	0.217	0.204	0.264	0.196
1.0	0.224	0.223	0.224	0.231	0.260	0.210	0.198	0.259	0.190
1.1	0.222	0.219	0.221	0.227	0.262	0.211	0.194	0.261	0.189
1.2	0.231	0.227	0.229	0.235	0.279	0.224	0.203	0.276	0.199
1.3	0.214	0.236	0.224	0.243	0.298	0.238	0.212	0.265	0.205
1.4	0.208	0.236	0.207	0.251	0.320	0.234	0.222	0.272	0.192
1.5	0.216	0.219	0.207	0.252	0.345	0.222	0.232	0.290	0.178
1.6	0.225	0.203	0.215	0.238	0.360	0.209	0.244	0.309	0.186
1.7	0.234	0.194	0.224	0.224	0.351	0.220	0.257	0.332	0.196
1.8	0.243	0.203	0.233	0.210	0.342	0.216	0.262	0.345	0.208
1.9	0.254	0.213	0.243	0.202	0.334	0.196	0.249	0.337	0.221
2.0	0.266	0.224	0.255	0.212	0.325	0.200	0.235	0.329	0.235
2.1	0.279	0.236	0.267	0.222	0.324	0.212	0.221	0.320	0.237
2.2	0.285	0.249	0.274	0.233	0.307	0.210	0.207	0.312	0.223
2.3	0.269	0.264	0.259	0.246	0.303	0.189	0.192	0.321	0.208

续表

分区	W1	W2	W3	W4	W5	W6	W7	W8	W9
2.4	0.253	0.260	0.244	0.259	0.293	0.178	0.176	0.330	0.192
2.5	0.237	0.244	0.228	0.256	0.248	0.191	0.178	0.341	0.176
2.6	0.221	0.229	0.213	0.242	0.253	0.207	0.197	0.332	0.158
2.7	0.209	0.219	0.200	0.227	0.269	0.222	0.222	0.302	0.180
2.8	0.201	0.210	0.192	0.213	0.242	0.209	0.223	0.274	0.211
2.9	0.193	0.203	0.184	0.198	0.219	0.197	0.216	0.247	0.204
3.0	0.185	0.195	0.189	0.191	0.215	0.187	0.209	0.234	0.196
3.1	0.210	0.219	0.211	0.213	0.228	0.211	0.239	0.242	0.224
3.2	0.235	0.244	0.233	0.237	0.239	0.235	0.233	0.221	0.216
3.3	0.260	0.235	0.255	0.255	0.249	0.259	0.246	0.234	0.241
3.4	0.261	0.227	0.278	0.246	0.258	0.284	0.265	0.245	0.269
3.5	0.253	0.250	0.293	0.238	0.266	0.311	0.290	0.256	0.260
3.6	0.245	0.276	0.285	0.243	0.274	0.302	0.316	0.266	0.263
3.7	0.2550	0.3018	0.2776	0.2686	0.2649	0.2941	0.3404	0.2512	0.2862
3.8	0.2694	0.2985	0.2709	0.2953	0.2476	0.2867	0.3290	0.2326	0.2862
3.9	0.2747	0.2918	0.2648	0.3066	0.2320	0.2799	0.3191	0.2158	0.3131
4.0	0.2993	0.2857	0.2773	0.3009	0.2177	0.2736	0.3103	0.2008	0.3304
4.1	0.2933	0.2922	0.2970	0.2957	0.2046	0.2918	0.3072	0.1963	0.3197
4.2	0.2901	0.2972	0.2918	0.2878	0.1925	0.2909	0.2964	0.1926	0.3151
4.3	0.2704	0.2915	0.2848	0.2909	0.1871	0.2791	0.2804	0.2011	0.3049
4.4	0.2752	0.2680	0.2892	0.2949	0.1887	0.2837	0.2830	0.2090	0.3088
4.5	0.2797	0.2595	0.2664	0.2986	0.1958	0.2878	0.2880	0.2164	0.3124
4.6	0.2839	0.2646	0.2634	0.3021	0.2023	0.2916	0.2925	0.2210	0.3156
4.7	0.2877	0.2693	0.2682	0.2810	0.2085	0.2952	0.2966	0.2079	0.3186
4.8	0.2912	0.2736	0.2725	0.2616	0.2142	0.2984	0.3003	0.1959	0.3213
4.9	0.2945	0.2776	0.2766	0.2442	0.2196	0.3015	0.3037	0.1847	0.3238
5.0	0.2975	0.2813	0.2803	0.2283	0.2247	0.3043	0.3069	0.1743	0.3262
ER	4.0	3.7	4.1	3.9	1.6	3.5	3.7	1.8	4.0

表Ⅳ.2 武威盆地地下水系统地下水脆弱值在各个等级上的投影值及评价结果（W10～W18）

分区	W10	W11	W12	W13	W14	W15	W16	W17	W18
0	0.329	0.296	0.269	0.245	0.195	0.272	0.256	0.215	0.248
0.1	0.327	0.292	0.266	0.241	0.190	0.267	0.251	0.210	0.244
0.2	0.325	0.289	0.262	0.237	0.184	0.262	0.246	0.203	0.240
0.3	0.323	0.285	0.258	0.233	0.178	0.257	0.240	0.197	0.236
0.4	0.321	0.281	0.254	0.229	0.172	0.252	0.234	0.200	0.231
0.5	0.319	0.277	0.250	0.224	0.180	0.270	0.250	0.213	0.226
0.6	0.316	0.272	0.245	0.220	0.190	0.291	0.269	0.227	0.221
0.7	0.313	0.267	0.240	0.215	0.202	0.316	0.289	0.242	0.216
0.8	0.310	0.261	0.235	0.209	0.202	0.322	0.292	0.235	0.210
0.9	0.307	0.255	0.229	0.204	0.195	0.318	0.286	0.227	0.203
1.0	0.303	0.251	0.223	0.197	0.187	0.314	0.279	0.219	0.197
1.1	0.311	0.261	0.220	0.197	0.185	0.313	0.284	0.219	0.195
1.2	0.313	0.280	0.230	0.206	0.193	0.316	0.305	0.231	0.198
1.3	0.318	0.301	0.230	0.216	0.201	0.320	0.293	0.244	0.207
1.4	0.324	0.300	0.215	0.204	0.210	0.324	0.303	0.259	0.217
1.5	0.328	0.287	0.224	0.191	0.220	0.328	0.310	0.275	0.229
1.6	0.298	0.274	0.237	0.193	0.230	0.332	0.299	0.287	0.241
1.7	0.268	0.303	0.251	0.203	0.242	0.337	0.295	0.273	0.254
1.8	0.243	0.293	0.267	0.214	0.254	0.342	0.299	0.259	0.269
1.9	0.236	0.298	0.285	0.226	0.267	0.347	0.304	0.244	0.283
2.0	0.244	0.303	0.305	0.218	0.261	0.328	0.308	0.229	0.270
2.1	0.238	0.309	0.328	0.204	0.248	0.301	0.313	0.212	0.257
2.2	0.210	0.316	0.345	0.190	0.236	0.275	0.318	0.236	0.243
2.3	0.191	0.323	0.336	0.175	0.222	0.250	0.324	0.271	0.229
2.4	0.198	0.332	0.328	0.187	0.212	0.229	0.332	0.282	0.214
2.5	0.206	0.302	0.319	0.202	0.205	0.213	0.341	0.275	0.197
2.6	0.214	0.271	0.310	0.220	0.199	0.199	0.336	0.282	0.180

续表

分区	W10	W11	W12	W13	W14	W15	W16	W17	W18
2.7	0.223	0.247	0.302	0.239	0.193	0.186	0.314	0.302	0.192
2.8	0.239	0.226	0.292	0.261	0.192	0.179	0.294	0.307	0.219
2.9	0.254	0.208	0.287	0.288	0.218	0.196	0.276	0.318	0.212
3.0	0.238	0.192	0.295	0.283	0.235	0.205	0.260	0.330	0.239
3.1	0.223	0.203	0.310	0.277	0.230	0.194	0.246	0.342	0.267
3.2	0.210	0.224	0.325	0.272	0.235	0.193	0.233	0.323	0.295
3.3	0.197	0.231	0.303	0.267	0.262	0.209	0.221	0.301	0.283
3.4	0.186	0.218	0.277	0.261	0.267	0.207	0.210	0.282	0.272
3.5	0.176	0.206	0.256	0.257	0.262	0.198	0.200	0.265	0.263
3.6	0.191	0.224	0.254	0.290	0.280	0.205	0.213	0.263	0.292
3.7	0.206	0.222	0.267	0.300	0.284	0.205	0.225	0.270	0.323
3.8	0.205	0.215	0.253	0.297	0.309	0.217	0.236	0.277	0.319
3.9	0.194	0.225	0.262	0.326	0.335	0.224	0.225	0.272	0.310
4.0	0.187	0.207	0.270	0.326	0.336	0.214	0.215	0.253	0.312
4.1	0.200	0.205	0.278	0.321	0.330	0.205	0.208	0.236	0.288
4.2	0.205	0.206	0.264	0.308	0.329	0.216	0.218	0.239	0.288
4.3	0.195	0.213	0.245	0.299	0.315	0.206	0.208	0.245	0.293
4.4	0.194	0.219	0.228	0.305	0.318	0.212	0.214	0.250	0.297
4.5	0.201	0.225	0.219	0.296	0.321	0.217	0.219	0.256	0.301
4.6	0.207	0.231	0.217	0.273	0.324	0.222	0.224	0.260	0.305
4.7	0.212	0.236	0.224	0.261	0.326	0.227	0.229	0.265	0.308
4.8	0.217	0.241	0.230	0.267	0.328	0.231	0.234	0.269	0.311
4.9	0.222	0.246	0.236	0.272	0.330	0.235	0.238	0.273	0.314
5.0	0.227	0.250	0.242	0.277	0.332	0.239	0.242	0.276	0.317
ER	0.000	2.400	2.200	4.000	4.000	1.900	2.500	3.100	3.700

表Ⅳ.3 武威盆地地下水系统地下水脆弱值在各个等级上的投影值及评价结果（W19～W27）

分区	W19	W20	W21	W22	W23	W24	W25	W26	W27
0	0.274	0.312	0.334	0.238	0.230	0.257	0.295	0.240	0.247
0.1	0.271	0.310	0.331	0.234	0.226	0.253	0.292	0.236	0.244
0.2	0.267	0.307	0.329	0.230	0.221	0.249	0.288	0.232	0.240
0.3	0.263	0.304	0.327	0.226	0.217	0.244	0.285	0.228	0.235
0.4	0.258	0.300	0.324	0.221	0.211	0.240	0.281	0.224	0.231
0.5	0.253	0.297	0.321	0.216	0.207	0.234	0.277	0.219	0.226
0.6	0.248	0.293	0.318	0.211	0.217	0.229	0.273	0.214	0.221
0.7	0.243	0.289	0.315	0.206	0.228	0.223	0.268	0.208	0.216
0.8	0.237	0.284	0.311	0.201	0.235	0.218	0.263	0.202	0.210
0.9	0.230	0.279	0.307	0.195	0.224	0.232	0.257	0.196	0.204
1.0	0.223	0.273	0.303	0.188	0.214	0.226	0.251	0.190	0.198
1.1	0.223	0.285	0.310	0.188	0.211	0.222	0.251	0.189	0.197
1.2	0.235	0.309	0.313	0.189	0.219	0.231	0.267	0.198	0.207
1.3	0.248	0.321	0.327	0.182	0.228	0.241	0.284	0.208	0.218
1.4	0.263	0.310	0.327	0.191	0.231	0.252	0.304	0.219	0.222
1.5	0.280	0.304	0.333	0.200	0.215	0.259	0.328	0.231	0.209
1.6	0.298	0.309	0.341	0.209	0.199	0.241	0.331	0.237	0.196
1.7	0.319	0.314	0.349	0.220	0.185	0.223	0.322	0.225	0.187
1.8	0.343	0.319	0.352	0.231	0.181	0.205	0.312	0.213	0.186
1.9	0.367	0.325	0.321	0.243	0.191	0.187	0.302	0.200	0.194
2.0	0.358	0.332	0.291	0.257	0.202	0.194	0.293	0.187	0.207
2.1	0.349	0.303	0.262	0.272	0.205	0.208	0.293	0.177	0.222
2.2	0.340	0.271	0.235	0.269	0.188	0.225	0.265	0.174	0.217
2.3	0.332	0.240	0.228	0.257	0.170	0.243	0.272	0.181	0.202
2.4	0.323	0.210	0.236	0.244	0.169	0.265	0.244	0.195	0.186
2.5	0.313	0.181	0.243	0.231	0.185	0.280	0.223	0.209	0.187
2.6	0.304	0.172	0.252	0.217	0.208	0.271	0.213	0.226	0.206

续表

分区	W19	W20	W21	W22	W23	W24	W25	W26	W27
2.7	0.299	0.195	0.231	0.204	0.222	0.262	0.222	0.244	0.229
2.8	0.314	0.216	0.209	0.197	0.214	0.254	0.239	0.271	0.225
2.9	0.325	0.237	0.191	0.190	0.206	0.247	0.255	0.286	0.218
3.0	0.279	0.229	0.174	0.184	0.199	0.240	0.271	0.277	0.211
3.1	0.291	0.216	0.189	0.211	0.219	0.272	0.259	0.270	0.242
3.2	0.300	0.203	0.202	0.238	0.240	0.307	0.240	0.263	0.276
3.3	0.266	0.197	0.215	0.267	0.262	0.299	0.224	0.256	0.310
3.4	0.239	0.216	0.215	0.269	0.284	0.292	0.209	0.250	0.343
3.5	0.252	0.205	0.199	0.262	0.307	0.300	0.196	0.244	0.336
3.6	0.263	0.208	0.185	0.255	0.311	0.307	0.211	0.275	0.331
3.7	0.273	0.218	0.173	0.268	0.305	0.306	0.226	0.307	0.326
3.8	0.269	0.228	0.181	0.285	0.299	0.280	0.236	0.329	0.325
3.9	0.249	0.218	0.192	0.292	0.294	0.257	0.222	0.323	0.331
4.0	0.230	0.202	0.182	0.318	0.289	0.245	0.210	0.318	0.306
4.1	0.214	0.195	0.171	0.315	0.293	0.240	0.206	0.321	0.296
4.2	0.217	0.193	0.172	0.329	0.296	0.244	0.219	0.324	0.302
4.3	0.225	0.200	0.174	0.314	0.301	0.250	0.210	0.299	0.295
4.4	0.232	0.207	0.182	0.318	0.277	0.256	0.208	0.297	0.271
4.5	0.238	0.213	0.189	0.321	0.273	0.261	0.215	0.301	0.256
4.6	0.244	0.219	0.195	0.324	0.277	0.266	0.221	0.305	0.263
4.7	0.250	0.225	0.201	0.326	0.281	0.271	0.227	0.309	0.269
4.8	0.255	0.230	0.207	0.329	0.285	0.275	0.232	0.312	0.274
4.9	0.260	0.235	0.212	0.331	0.288	0.279	0.237	0.315	0.279
5.0	0.264	0.239	0.217	0.333	0.291	0.282	0.242	0.318	0.283
ER	1.900	2.000	1.800	5.000	3.600	3.600	1.600	3.800	3.400

表Ⅳ.4　武威盆地地下水系统地下水脆弱值在各个等级上的投影值及评价结果（W28～W34）

分区	W28	W29	W30	W31	W32	W33	W34
0	0.194	0.275	0.235	0.248	0.240	0.239	0.307
0.1	0.189	0.272	0.231	0.244	0.236	0.236	0.305
0.2	0.183	0.268	0.227	0.240	0.232	0.231	0.302
0.3	0.182	0.264	0.222	0.236	0.227	0.227	0.299
0.4	0.192	0.260	0.218	0.231	0.223	0.223	0.295
0.5	0.203	0.255	0.212	0.227	0.218	0.218	0.292
0.6	0.214	0.251	0.213	0.222	0.213	0.213	0.288
0.7	0.221	0.245	0.223	0.216	0.208	0.207	0.284
0.8	0.215	0.240	0.235	0.210	0.202	0.202	0.279
0.9	0.209	0.234	0.227	0.204	0.196	0.195	0.274
1.0	0.203	0.227	0.217	0.198	0.189	0.189	0.268
1.1	0.202	0.228	0.214	0.197	0.188	0.188	0.273
1.2	0.212	0.241	0.222	0.208	0.198	0.197	0.288
1.3	0.219	0.255	0.229	0.219	0.207	0.207	0.276
1.4	0.207	0.271	0.213	0.231	0.218	0.218	0.288
1.5	0.195	0.289	0.198	0.244	0.219	0.215	0.298
1.6	0.200	0.309	0.196	0.236	0.206	0.202	0.309
1.7	0.210	0.330	0.205	0.223	0.193	0.189	0.303
1.8	0.221	0.321	0.214	0.210	0.180	0.176	0.307
1.9	0.233	0.312	0.223	0.197	0.178	0.182	0.312
2.0	0.246	0.303	0.234	0.194	0.190	0.172	0.317
2.1	0.250	0.293	0.245	0.199	0.204	0.176	0.323
2.2	0.238	0.283	0.258	0.215	0.197	0.189	0.302
2.3	0.225	0.271	0.264	0.199	0.181	0.203	0.269
2.4	0.211	0.292	0.249	0.196	0.164	0.219	0.238
2.5	0.197	0.301	0.235	0.207	0.178	0.233	0.207
2.6	0.189	0.286	0.222	0.222	0.170	0.218	0.177

续表

分区	W28	W29	W30	W31	W32	W33	W34
2.7	0.212	0.293	0.214	0.238	0.168	0.201	0.187
2.8	0.237	0.307	0.206	0.223	0.179	0.193	0.206
2.9	0.231	0.274	0.199	0.208	0.207	0.185	0.218
3.0	0.225	0.246	0.192	0.196	0.236	0.195	0.201
3.1	0.249	0.265	0.213	0.219	0.266	0.225	0.186
3.2	0.273	0.256	0.234	0.243	0.266	0.256	0.185
3.3	0.294	0.244	0.256	0.268	0.259	0.260	0.203
3.4	0.287	0.262	0.279	0.293	0.253	0.254	0.200
3.5	0.280	0.264	0.302	0.319	0.246	0.248	0.188
3.6	0.283	0.245	0.300	0.340	0.277	0.279	0.203
3.7	0.302	0.242	0.293	0.331	0.309	0.312	0.218
3.8	0.303	0.229	0.288	0.323	0.328	0.326	0.218
3.9	0.325	0.239	0.282	0.315	0.322	0.320	0.206
4.0	0.326	0.248	0.277	0.309	0.316	0.315	0.195
4.1	0.319	0.256	0.295	0.303	0.323	0.326	0.208
4.2	0.323	0.248	0.295	0.302	0.331	0.333	0.214
4.3	0.326	0.230	0.300	0.291	0.304	0.306	0.203
4.4	0.330	0.215	0.303	0.284	0.297	0.297	0.202
4.5	0.311	0.202	0.280	0.289	0.302	0.302	0.209
4.6	0.291	0.210	0.266	0.293	0.306	0.306	0.215
4.7	0.272	0.217	0.270	0.297	0.309	0.310	0.220
4.8	0.266	0.223	0.275	0.300	0.313	0.313	0.226
4.9	0.271	0.229	0.279	0.303	0.316	0.316	0.231
5.0	0.275	0.235	0.282	0.306	0.318	0.319	0.235
ER	4.400	1.700	4.400	3.600	4.200	4.200	2.100